普通高等教育“十三五”规划教材

Visual Basic 程序设计实验指导

主　编　孙颖馨

副主编　郭秀娟　吕　鑫

中国水利水电出版社
www.waterpub.com.cn
·北京·

内 容 提 要

本书为《Visual Basic 程序设计教程》配套教材，是编者基于多年教学经验，经过精心布局和筛选案例而形成的。本书由实验篇、习题篇、考试篇三部分组成，涵盖了 Visual Basic 程序设计教学的各个环节。其中实验篇分为十二个实验，包括实验目的和实验内容。实验内容涉及的知识面广，其内容体现了循序渐进、由浅入深的思想和理念。习题篇分为九章，内容安排与教程配套。考试篇给出了计算机等级考试二级 VB 相关介绍，并配有相关公共基础部分练习题及二级 VB 模拟题。

本书内容丰富、实用性强，非常适用于学习 Visual Basic 程序设计，适合高等院校师生或计算机培训班使用，也可供自学者参考。

图书在版编目（CIP）数据

Visual Basic程序设计实验指导 / 孙颖馨主编. -- 北京 : 中国水利水电出版社, 2020.2（2020.12 重印）
普通高等教育“十三五”规划教材
ISBN 978-7-5170-8416-7

Ⅰ. ①V… Ⅱ. ①孙… Ⅲ. ①BASIC语言－程序设计－高等学校－教材 Ⅳ. ①TP312.8

中国版本图书馆CIP数据核字(2020)第027399号

策划编辑：崔新勃　责任编辑：陈红华　加工编辑：辛　杰　封面设计：李　佳

书　名	普通高等教育“十三五”规划教材 Visual Basic 程序设计实验指导 Visual Basic CHENGXU SHEJI SHIYAN ZHIDAO
作　者	主　编　孙颖馨 副主编　郭秀娟　吕　鑫
出版发行	中国水利水电出版社 （北京市海淀区玉渊潭南路 1 号 D 座　100038） 网址：www.waterpub.com.cn E-mail：mchannel@263.net（万水） sales@waterpub.com.cn 电话：（010）68367658（营销中心）、82562819（万水）
经　售	全国各地新华书店和相关出版物销售网点
排　版	北京万水电子信息有限公司
印　刷	三河市铭浩彩色印装有限公司
规　格	184mm×260mm　16 开本　10 印张　235 千字
版　次	2020 年 2 月第 1 版　2020 年 12 月第 2 次印刷
印　数	2001—5000 册
定　价	25.00 元

前　　言

Visual Basic（VB）程序设计语言是比较适合初学者学习、使用的计算机高级语言之一。Visual Basic 程序设计语言既保持了原有 BASIC 语言简单易学的特点，又为用户提供了可视化的面向对象与事件驱动的程序设计集成环境，使得用户学习程序设计变得快捷、方便、简单，并具有强大的软件开发功能。目前，许多高等学校已将 Visual Basic 程序设计课程作为非计算机专业的公共基础课。

本书为《Visual Basic 程序设计教程》的配套教材，由实验篇、习题篇、考试篇三部分组成。其中实验篇分为十二个实验，主要侧重编程技能的综合应用，包括实验目的和实验内容，其中在“实验内容”中精选了若干实验项目，并给出了相应的操作方法和步骤。本书实验内容涉及的知识面广，其内容体现了循序渐进、由浅入深的思想和理念。习题篇分为九章，内容安排与教程配套，可以使学生快速理解理论知识，有助于提高学生的实际应用能力。考试篇给出了计算机等级考试二级 VB 相关介绍，并配有相关公共基础部分练习题及二级 VB 模拟题。

本书作者具有在高校从事 Visual Basic 语言程序设计及其他高级语言程序设计的多年一线教学与研究工作经验，有着丰富的科研与程序开发经验。本书由孙颖馨任主编，郭秀娟、吕鑫任副主编，王静、李薇薇、由扬、高云、陈刚、徐蕾、刘继、宋涛参加了本书的部分编写工作。全书由孙颖馨统稿，定稿后由高云验证了全部程序，以保证程序的正确性。对于书中存在的疏漏之处，敬请读者指评指正。

编　者

2020 年 1 月

目　　录

第一部分　实验篇

实验一　Visual Basic 6.0 集成开发环境

一、实验目的

1．掌握启动和退出 VB 的方法。

2．了解、熟悉 VB 开发环境以及各种窗口的使用。

3．掌握常用控件对象的建立方法。

二、实验内容

1．VB 的启动和退出。

（1）启动 VB 可以采用以下几种方式：

1）用开始菜单启动。执行“开始\程序\Microsoft Visual Basic 6.0 中文版”命令，VB 启动后的开发环境如图 1.1 所示。

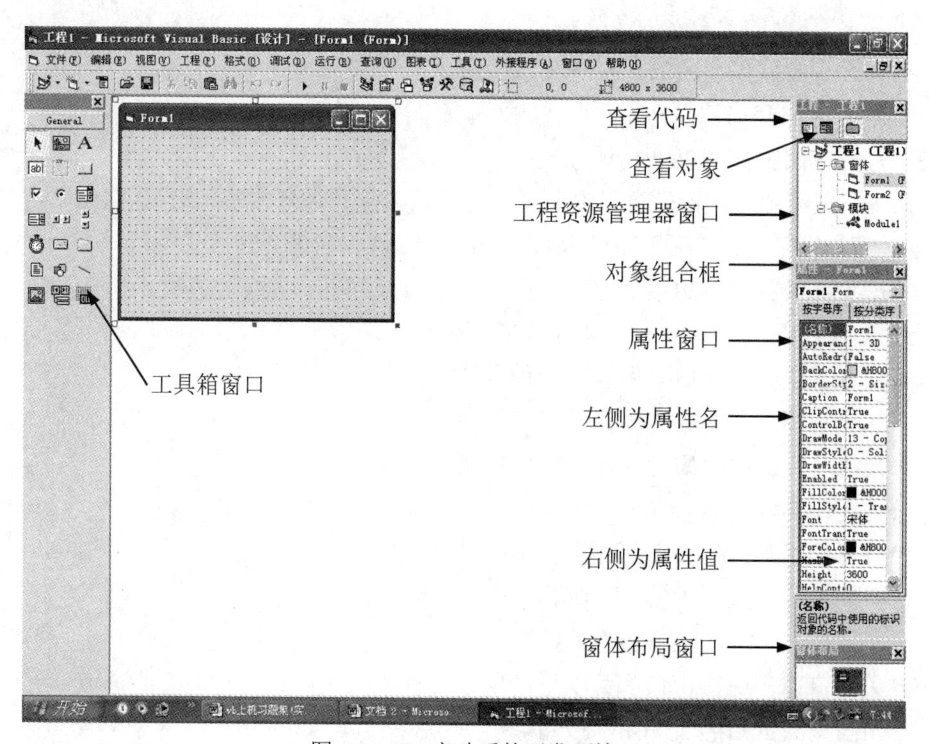

图 1.1　VB 启动后的开发环境

2）从“资源管理器”中启动。执行“开始\程序\Windows 资源管理器”命令，在“资源管理器”窗口的左窗口中找到并选择 Visual Basic 6.0 安装目录，在右窗口中找到 VB6.exe 图标并双击它。

3）从“运行”对话框中启动。执行“开始\运行”命令，单击“浏览”按钮，找到 VB6.exe 文件，其默认盘符和路径是“c:\Program Files\Microsoft Visual Studio\VB98\VB6.exe”。

4）通过快捷方式启动。在桌面上创建一个 Visual Basic 6.0 的快捷图标，双击该图标启动。

（2）退出 VB 有以下几种方式：

1）单击 VB 主窗口标题栏的“关闭”按钮。

2）选择“文件”菜单中的“退出”命令。

3）按组合键 Alt+F4。

4）按组合键 Alt+Q。

5）单击标题栏上的“控制菜单”按钮，执行“关闭”命令。

2．VB 开发环境中常用窗口的打开和关闭。

（1）打开“工程资源管理器”窗口有以下几种方式：

1）选择“视图”菜单中的“工程资源管理器”命令。

2）单击工具栏上的“工程资源管理器”图标按钮。

3）按组合键 Ctrl+R。

（2）打开“窗体设计器”窗口有以下几种方式：

1）在“工程资源管理器”窗口中选择要打开的窗体（如单击 Form1），然后单击“工程资源管理器”窗口顶部的“查看对象”按钮（图 1.1）。

2）选择“视图菜单”中的“对象窗口”命令。

3）按组合键 Shift+F7。

（3）打开代码窗口有以下几种方式：

1）在“工程资源管理器”窗口中选择要打开的窗体（如单击 Form1），然后单击“工程资源管理器”窗口顶部的“查看代码”按钮（图 1.1）。

2）双击窗体或窗体上的某个控件。

3）选择“视图”菜单中的“代码窗口”命令。

（4）打开“属性”窗口采用以下几种方法：

1）选择“视图”菜单中的“属性窗口”命令。

2）单击工具栏上的“属性窗口”图标按钮。

3）按功能键 F4。

（5）打开“工具箱”窗口可以用以下几种方式：

1）选择“视图”菜单中的“工具箱”命令。

2）单击工具栏上的“工具箱”按钮。

（6）关闭窗口。所有窗口都可以采用以下三种方式关闭：

1）单击窗口右上角的“关闭”按钮。

2）将要关闭的窗口变为当前窗口（标题栏呈蓝色），然后按组合键 Alt+ F4。

3）右击窗口的标题栏，在弹出的快捷菜单中选择“关闭”命令。

注意：启动VB，进入设计状态后，窗体窗口、工具箱窗口、工程资源管理器窗口、属性窗口一般是自动打开的。

3．常用控件的建立及窗口的使用。

（1）在窗体上画一个如图1.2所示的命令按钮，然后通过属性窗口设置如表1.1所示的属性。

图1.2　界面设计图1

表1.1　属性设置列表1

对象	属性	属性值	说明
Caption	这是命令按钮	Visible	False

（2）设计一个简单的应用程序，要求在窗体上画一个文本框、一个标签和两个命令按钮，并把命令按钮名称分别设置为“显示”和“清除”。程序运行后，单击“显示”按钮，会在文本框中输出一行信息；单击“清除”按钮，则清除文本框中的内容，运行界面如图1.3所示。

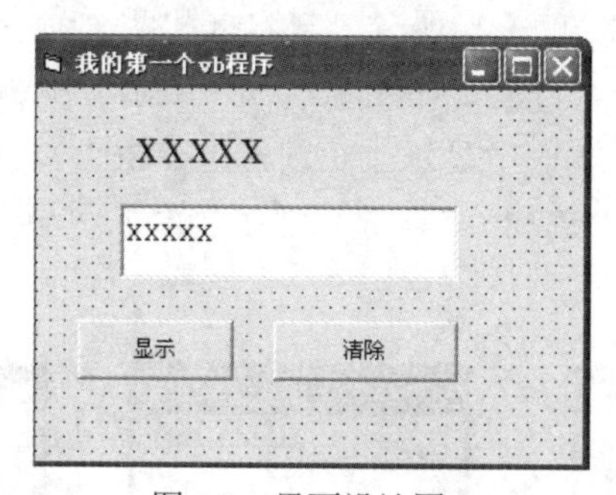

图1.3　界面设计图2

对象属性设置见表1.2。

表1.2　属性设置列表2

对象名称	属性名称	属性值	说明
Form1	Caption	我的第一个vb程序	窗体
Label1	Caption	请输入姓名	标签
Text1	Text	“”	文本框
Command1	Caption	显示	命令按钮
Command2	Caption	清除	命令按钮

1）标签 Label 控件设置的属性代码有哪些？

```
Label1.Caption= "请输入姓名"
Label1.fontsize=24
Label1.fontbold=True
```

2）两个按钮所使用的是什么事件？代码分别是什么？

```
Private Sub Command1_Click()
  Text1.text= "自己的姓名"
End Sub
Private Sub Command2_Click()
  Text1.text= ""
End Sub
```

实验二　简单的 VB 程序设计

一、实验目的

1．初步了解如何用代码设置对象属性。

2．初步学习在代码编辑器中输入程序代码的基本操作。

3．基本掌握用 Visual Basic 开发应用程序的一般步骤。

二、实验内容

1．设计一个工程，运行时首先出现一个文本框和两个命令按钮“欢迎（H）”和“时间（T）”。文本框中显示的是当前日期，如图 2.1（a）所示，单击“欢迎（H）”按钮或同时按“Alt”键和“H”键，则在文本框中显示“欢迎使用 VB6.0”，如图 2.1（b）所示，单击“时间（T）”按钮或同时按“Alt”键和“T”键，则在文本框中显示是当前时间，运行结果如图 2.1（c）所示。

（a）第 1 题运行界面 1

（b）第 1 题运行界面 2

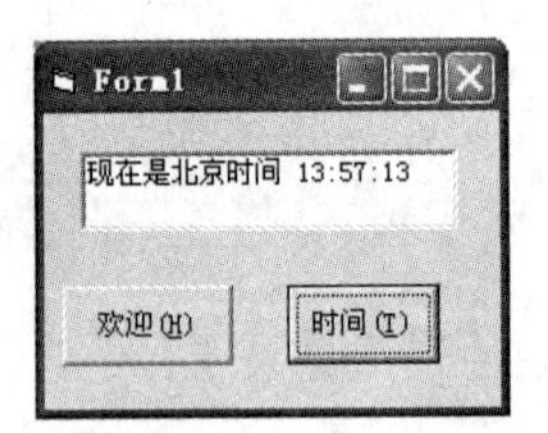

（c）第 1 题运行界面 3

图 2.1　运行界面

操作参考：

（1）设计用户界面。在窗体上添加一个文本框和两个命令按钮。

（2）设置窗体和控件的属性。在属性窗口中按表 2.1 设置对象的属性，设置过程中为给命令按钮设置快捷键，在设置命令按钮的 Caption 属性时应在英文状态下输入括号、“&”符号及相应的字母。

表 2.1　对象的属性值

对象名称	属性名称	设置
文本框 Text1	Text	空白
命令按钮 Command1	Caption	欢迎(&H)
命令按钮 Command2	Caption	时间(&T)

（3）编写代码。打开“代码编辑器”（双击窗体或某个控件或单击“工程资源管理器”中的“查看代码”按钮），单击“对象列表框”右边的下拉按钮▼，从中选择 Form 对象，如图 2.2 所示。

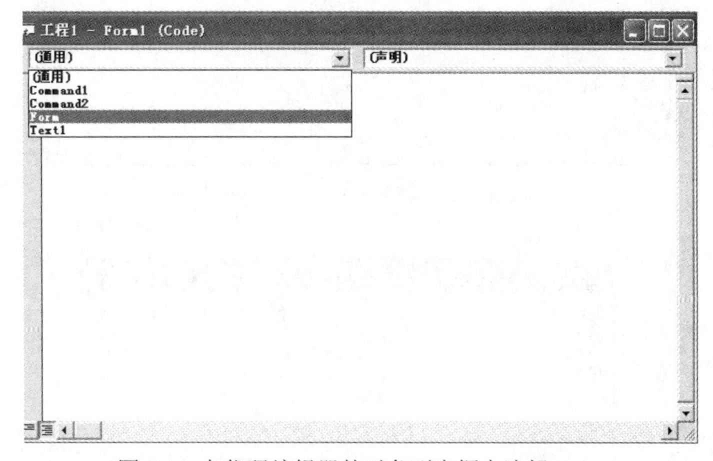

图 2.2　在代码编辑器的对象列表框中选择 Form

选择完对象后，再单击过程列表框右边的下拉按钮▼，从中选择 Load 事件，如图 2.3 所示。在代码窗口中输入代码（注意：输入代码时一定要在英文状态下）。

```
Private Sub Form_Load()
  Text1.Text = "今天是 " & Str(Date)
End Sub
```

用同样的方法，输入命令按钮 Command1 和 Command2 的单击事件的程序代码：

```
Private Sub Command1_Click()
  Text1.Text = "欢迎使用 VB6.0"
End Sub
Private Sub Command2_Click()
  Text1.Text = "现在是北京时间 " + Str(Time)
End Sub
```

（4）运行工程。按功能键 F5 或按运行按钮 ▶ 就可以运行工程了。

（5）保存工程。执行“文件\保存工程”或“文件\工程另存为”命令，保存文件，窗体文件名为 sjt1.frm，工程文件名为 sjt1.vbp。

（6）编译生成可执行的.EXE 文件。工程调试结果正确后，可将其编译生成可执行的.EXE 文件。方法是从“文件”菜单中选择“生成工程 sjt1.exe（K）”命令，接着出现“生成工程”对话框，如图 2.4 所示。在“保存在(I)选项”中输入要保存的文件夹，然后输入要保存的文件名，这里通常会出现一个默认的文件名（与存放窗体文件相同的文件名）。直接单击“确定”按钮或按 Enter 键就开始编译成可执行的.EXE 文件，文件名为 sjt1.exe。生成可执行文件后，运行可执行文件时不再需要工程文件与各个模块文件，但是需要 Visual Basic 运行时动态链接库文件（.dll）的支持。

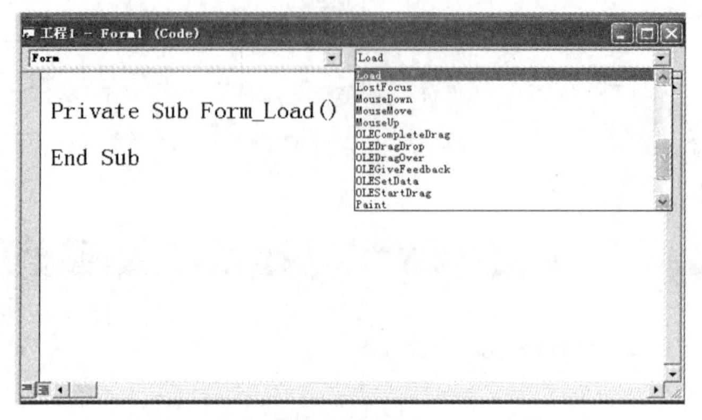

图 2.3　从过程列表框选择 Load 事件

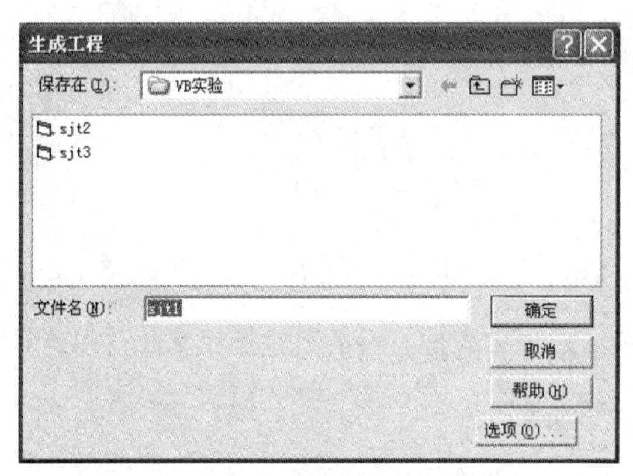

图 2.4　“生成工程”对话框

2．编译程序。输入圆的半径，计算出圆周长和面积，运行界面如图 2.5 所示。要求对输入半径进行合法检查，若发现有非法数字（不是数字的字符），利用 MsgBox 显示出错信息，利用 SetFocus 方法将鼠标定位于出错的文本框处，以便重新输入。

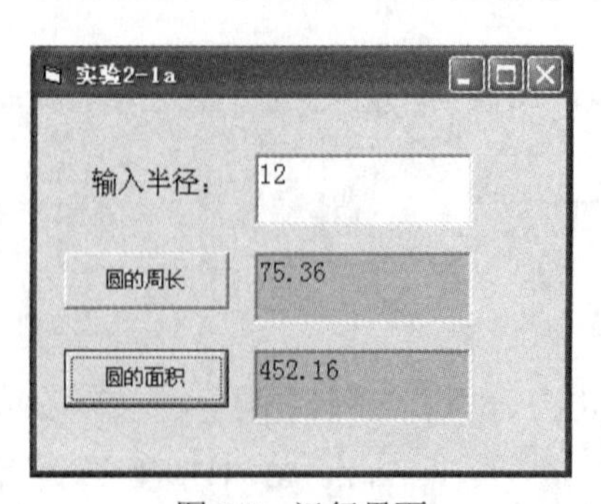

图 2.5　运行界面

主要步骤和设计要点：

（1）将图 2.5 所示的控件放到窗体上：文本框用于数据的输入与输出，标签用于提示输入，按钮用来计算结果。

（2）在“属性”窗口进行相关的属性设置。将用于输出的文本框设为只读属性，且将背景色设为灰色。

（3）在“代码”窗口写出相关代码，本题 Text1 中使用了 MsgBox()函数（表 2.2）。其他事件自己编写。

（4）保存文件。运行并调试程序：输入半径数，看计算结果（可用计算器验算一下）；输入非法字符看是否报错。

表 2.2　主要控件对象的属性设置

对象名称	属性名称	设置
文本框 Text1	Text	空白
文本框 Text2	Text	空白
文本框 Text2	Locked	True
文本框 Text2	BackColor	灰色
文本框 Text3	Text	空白
文本框 Text3	Locked	True
文本框 Text3	BackColor	灰色
标签 Label1	Caption	输入半径：
命令按钮 Command1	Caption	圆的周长
命令按钮 Command2	Caption	圆的面积

参考代码：

```
Private Sub Text1_LostFocus()
  If Not IsNumeric(Text1) Then
    i = MsgBox("输入了非数字字符！", 64, "提示")
    Text1 = ""
    Text1.SetFocus
  End If
  Text2 = "": Text3 = ""
End Sub
Private Sub Command1_Click()
  Text2.Text = 2 * 3.14 * Val(Text1)
End Sub
Private Sub Command2_Click()
  Text3.Text = 3.14 * Val(Text1) ^ 2
End Sub
```

3．在窗体上建立 5 个命令按钮 Command1、Command2、Command3、Command4 和 Command5，运行界面如图 2.6 所示。

要求：

（1）命令按钮的 Caption 属性分别为“窗体变大”“窗体变小”“窗体左移”“窗体右移”和“关闭窗体”。

（2）每单击 Command1 按钮和 Command2 按钮一次，窗体变大或变小 1/4 倍。

（3）单击 Command3 按钮和 Command4 按钮一次，窗体左移或右移 200（1/20 磅）。

（4）单击 Command5 按钮退出。

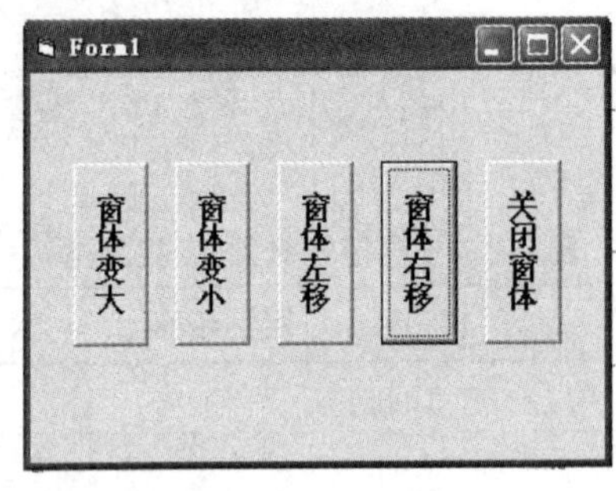

图 2.6　运行界面

以下是两个命令按钮的事件过程，写出另外三个命令按钮的事件的程序代码：

```
Private Sub Command1_Click()
  Form1.Height = Form1.Height * 1.25
  Form1.Width = Form1.Width * 1.25
End Sub
Private Sub Command3_Click()
  Form1.Left = Form1.Left - 200
End Sub
```

其余代码自己编写。

```
Private Sub Command2_Click()
  Form1.Height = Form1.Height / 1.25
  Form1.Width = Form1.Width / 1.25
End Sub
Private Sub Command4_Click()
  Form1.Left = Form1.Left + 200
End Sub
Private Sub Command5_Click()
  End
End Sub
```

上机实践，调试、运行以上程序。

实验三　数据类型、运算符和表达式

一、实验目的

1. 掌握 Visual Basic 数据类型的基本概念。

2．掌握变量、常量的定义规则和各种运算符的功能及表达式的构成和求值方法。

3．了解 Visual Basic 标准函数，掌握部分常用标准函数的功能和用法。

二、实验内容

1．用三种除法运算（/、\、Mod）进行计算（表 3.1）。

要求：在窗体上画五个标签、五个文本框和一个命令按钮，如图 3.1 所示。程序运行后，在第一个文本框中输入被除数，在第二个文本框中输入除数，然后单击命令按钮，即可得到三种不同的相除结果。

表 3.1　用三种除法运算（/ 、\、Mod）进行计算

对象名称	属性名称	属性值	说明
Label1	Caption	被除数	标签
Label2	Caption	除数	标签
Label3	Caption	浮点数	标签
Label4	Caption	整除数	标签
Label5	Caption	余数除	标签
Command1	Caption	执行除法运算	命令按钮

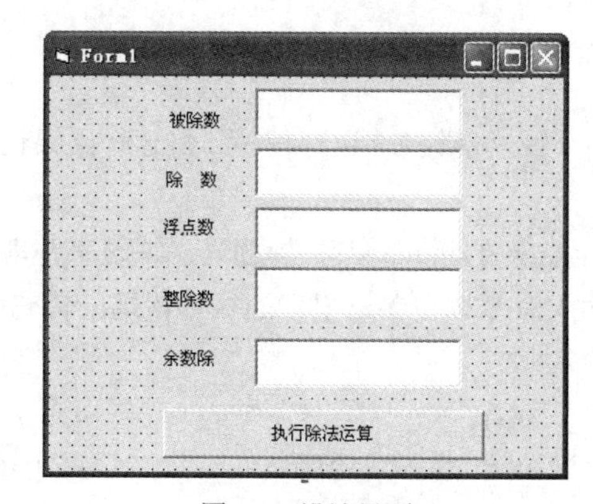

图 3.1　设计界面

提示：用三种除法运算（/ 、\、Mod）进行计算，三种除法的区别如下。

/: 两个数相除

\: 两个数整除

Mod: 两个数相除，得余数

用三种除法运算（/、\、Mod）进行计算，Command1 命令的单击事件的程序代码是什么？

```
Private Sub Command1_Click()
  Dim a!, b!
  a=val(text1.text)
  b= val(text2.text)
  text3.text=a/b
  text4.text=a\b
```

```
    text5.text=a Mod b
End Sub
```

2．计算表达式的值。在窗体上建立一个名称为Command1、标题为“输出”的命令按钮，然后在“代码编辑器”窗口中输入命令按钮的单击事件的执行代码（注意：输入过程中表达式中的运算符及标点符号是在英文状态下输入的）。

```
Private Sub Command1_Click()
    Print "8×3×5÷2="; 8 * 3 * 5 / 2
    Print "8×3×5\2="; 8 * 3 * 5 \ 2
    Print "2×2×2+5\6×7/8 Mod 9="; 2 ^ 3 + 5 \ 6 * 7 / 8 Mod 9
    Print "Int(5.7)+Int(-5.7)="; Int(5.7) + Int(-5.7)
    Print "Fx(5.7)+Fix(-5.7)="; Fix(5.7) + Fix(-5.7)
    Print "Sgn(-5)+Sqr(16)+Abs(-2)="; Sgn(-5) + Sqr(16) + Abs(-2)
    Print "Sin(90*3.14159/180)="; Sin(90 * 3.14159 / 180)
    Print "Exp(1)+Log(0)="; Exp（1）+ Log(1)
    Print "任意一个[10，99]间的整数:"; Int(Rnd * (99 - 10 + 1)) + 10
    Print "Hex(123)="; Hex(123)
    Print "Oct(123)="; Oct(123)
    Print "abc" + "345" & "257"
    Print "与时俱进"&"科学发展"
    Print 4 > 8 And 4 = 5 Or 8 > 6
    Print False Or Not (8 + 3 >= 11)
End Sub
```

操作参考：输入代码后，按功能键F5运行程序，将运行结果记录下来，充分理解各个函数及运算符的意义。

3．在窗体上建立一个名称为Command1、标题为“练习字符串函数”的命令按钮，然后在“代码编辑器”窗口中输入命令按钮单击事件的执行代码。代码中的注释符“'”后的汉字部分为注释部分，可以不输入。

```
Private Sub command1_Click()
    Dim AB As String, CD As String, EF As String
    FontSize = 14
    AB = "This a "
    CD = "apper"
    EF = AB + CD
    Print "AB+CD "; EF
    Print "I Need a " + CD
    Print UCase(CD), LCase(AB)     '大小写字母转换函数
    Print Len("CD"), Len(CD)     '求字符串的长度，注意常量与变量的区别
    Print Asc("123"),Asc(CD)     '求第一个字符的ASCII值
    Print Left(EF,4)     '从左边取前4个字符
    Print Right(EF,5)     '从右边取后5个字符
    Print Mid(EF,6,7)     '从第6个位置取7个字符，注意空格算一个字符
    Print "1234" + "56"
```

```
    Print 1234 + Str("56")   '将字符型数据 56 转换为数值型 56，然后求和
  End Sub
```

操作参考：双击窗体，在“代码编辑器”窗口中输入代码，按功能键 F5，运行结果如图 3.2 所示。

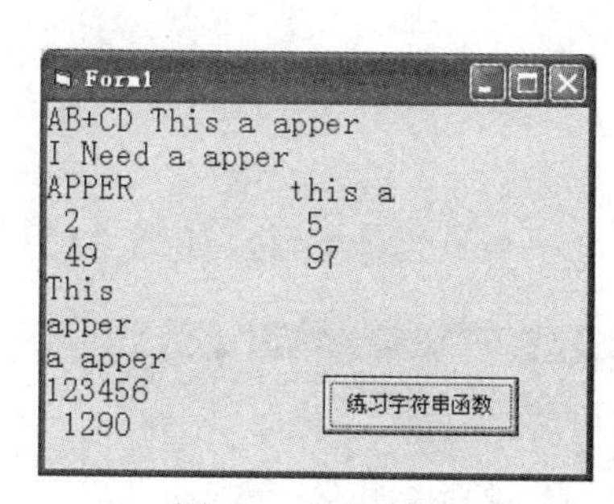

图 3.2　运行结果

实验四　数据的输入与输出

一、实验目的

1．掌握输出语句 Print 的各种格式的用法及 Space 和 Tab 函数的使用方法。

2．掌握基本的输入函数 InputBox 和输出函数 Msgbox 的应用方法。

二、实验内容

1．Print 功能的应用。

（1）建立一个 VB 应用程序，双击 Form1 窗体调出“代码窗口”。在代码窗口中，单击左侧对象（object）框的下三角按钮，从列表框中选择项目“Form”；单击右侧过程框的下三角按钮，选择“Activate”事件。

（2）输入如下代码，观察运行结果。

```
Private sub   Form_Activate()
  Print "同学们，"
  Print "你们好！"
End sub
```

（3）将程序改为如下内容，观察运行结果。

```
Private sub   Form_Activate()
  Print "同学们，";
  Print "你们好！"
End sub
```

（4）将程序改为如下内容，观察运行结果。

```
Private sub   Form_Activate()
  Print "同学们，",
  Print "你们好！"
```

```
End sub
```

（5）将程序改为如下内容，观察运行结果。

```
Private sub  Form_Activate()
  CurrentX=1000
  CurrentY=1000
  Print "同学们，",
  Print "你们好！"
End sub
```

2. 结合实验三的函数，编写一个函数计算器，如图 4.1 所示。

图 4.1　函数计算器界面

（1）函数计算器界面有 12 个命令按钮。每使用一个函数按钮前，先单击“清除”按钮，将文本框和标签框中的内容清空。

（2）Sin、Cos、Sqr、Int、Chr、Asc 等函数将文本框中的数据作为输入参数，单击这些函数的命令按钮，在标签框中显示其函数值。

（3）单击“Rnd”按钮，用 Rnd 函数产生一随机数，显示在标签框中。

（4）单击“Date”按钮在标签框中显示系统日期；单击“Time”按钮在标签框中显示系统时间。

（5）单击“InputBox”按钮，弹出一对话框，提示输入姓名，当用户输入后，再将输入信息显示在标签框中。单击“MsgBox”按钮，将文本框中的内容通过一信息框显示出来，要求信息框提供给用户的有“是”“否”“取消”3 个按钮，根据用户的不同选择，将函数返回结果显示在标签框中。

部分命令按钮的提示代码如下。

Sin 命令按钮的事件过程可以写作：

```
Const pi = 3.1415926
Dim x As Single, fx As Single
x = Val(Text1.Text)                '注意类型转换函数
fx = Sin(x * pi / 180)
Label1.Caption = Str(fx)           '注意类型转换函数
```

Asc 命令按钮的事件过程可以写作：

```
Label1.Caption = Str(Asc(Text1.Text))        '注意类型转换函数
```

MsgBox 命令按钮的事件过程可以写作：

```
Dim n As String
n = MsgBox("你输入的数据是" & Text1.Text, 3 + 32 + 0，  "数据检查")
Label1.Caption = Str(n)
```

Rnd 命令按钮的事件过程可以写作：

```
Randomize
Label1.Caption = Str(Rnd)
```

请完整写出所有命令按钮的事件过程。

```
Const pi = 3.1415926
Private Sub Command1_Click()
    Dim x As Single, fx As Single
    x = Val(Text1.Text)
    fx = Sin(x * pi / 180)
    Label3.Caption = Str(fx)
End Sub
Private Sub Command2_Click()
    Dim x As Single, fx As Single
    x = Val(Text1.Text)
    fx = Cos(x * pi / 180)
    Label3.Caption = Str(fx)
End Sub
```

Rnd 命令按钮的事件过程可以写作：

```
Private Sub Command3_Click()
    Randomize
    Label3.Caption = Str(Rnd)
End Sub
Private Sub Command4_Click()
    Dim x As Single, fx As Single
    x = Val(Text1.Text)
    fx = Sqr(x)
    Label3.Caption = Str(fx)
End Sub
Private Sub Command5_Click()
    Dim x As Single
    x = Val(Text1.Text)
    Label3.Caption =str( Int(x))
End Sub
Private Sub Command6_Click()
    Dim x As Integer
    x = Val(Text1.Text)
    Label3.Caption = Chr(x)
End Sub
Private Sub Command7_Click()
    Label3.Caption = str(Asc(Text1.Text))
End Sub
```

```
Private Sub Command8_Click()
    Dim x As String
    x = InputBox("请输入姓名:", "输入姓名:")
    Label3.Caption = x
End Sub
```

MsgBox 命令按钮的事件过程可以写作：

```
Private Sub Command9_Click()
    Dim n As String
    n = MsgBox("你输入的数据是" & Text1.Text,3 + 32 + 0,"数据检查")
    Label3.Caption = Str(n)
End Sub
Private Sub Command10_Click()
    Label3.Caption = Date
End Sub
Private Sub Command11_Click()
    Label3.Caption = Time()
End Sub
Private Sub Command12_Click()
    Text1.text=""
   Label3.Caption = ""
End Sub
```

上机实践，编写、调试、运行以上程序，运行界面参考图 4.1。

实验五　选择结构

一、实验目的

1. 掌握逻辑表达式的正确书写形式。
2. 掌握单分支与多分支语句的使用方法，熟悉“选择”结构的程序设计。
3. 使用选择结构进行 VB 中简单程序的设计。

二、实验内容

1. 编写一个判断给定坐标在第几象限的程序，界面如图 5.1 所示。

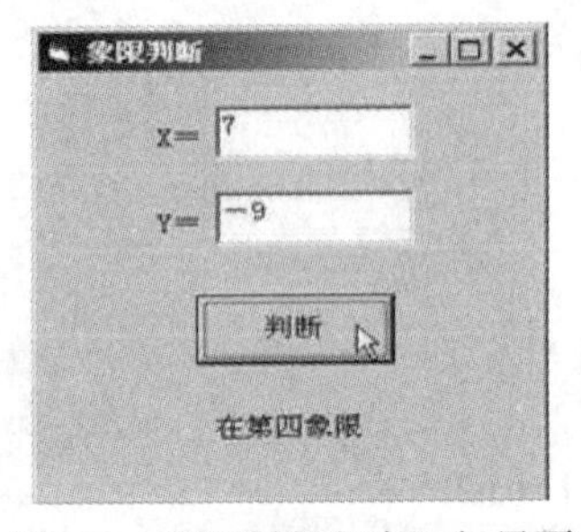

图 5.1　象限判断程序运行界面

（1）设计应用程序的界面：在窗体上创建一个命令按钮 Command1，三个标签 Label1、Label2 和 Label3，两个文本框 Text1 和 Text2。

（2）设置对象的属性，见表 5.1。

表 5.1　属性设置表

对象名称	属性名称	属性值
Form1	Caption	象限判断
Command1	Caption	判断
Label1	Caption	X=
Label2	Caption	Y=
Label3	Caption	
Text1、Text2	Text	

（3）编写事件代码。

```
Private Sub Command1_Click()
    Dim x!, y!
    x = Val(Text1)
    y = Val(Text2) If x > 0 Then
    If y > 0 Then
        Label1.Caption = "在第一象限"
    Else
        Label1.Caption = "在第四象限"
    End If
    Else
        If y > 0 Then
          Label1.Caption = "在第二象限"
        Else
          Label1.Caption = "在第三象限"
        End If
    End If
End Sub
```

保存程序并运行。

2．编写一个网吧收费程序。网吧基本收费为 2 元/小时。根据不同的上机时数 x，上机费用 y 可以按以下公式计算。

$$y=\begin{cases}2x & x<3\\ 2\times 0.9x & 3\leqslant x<5\\ 2\times 0.8x & 5\leqslant x<10\\ 2\times 0.75x & 10\leqslant x\end{cases}$$

运行界面如图 5.2 所示。

（1）设计应用程序的界面：在窗体上创建一个命令按钮 Command1，两个标签 Label1 和 Label2，两个文本框 Text1 和 Text2。

（2）设置对象的属性，见表 5.2。

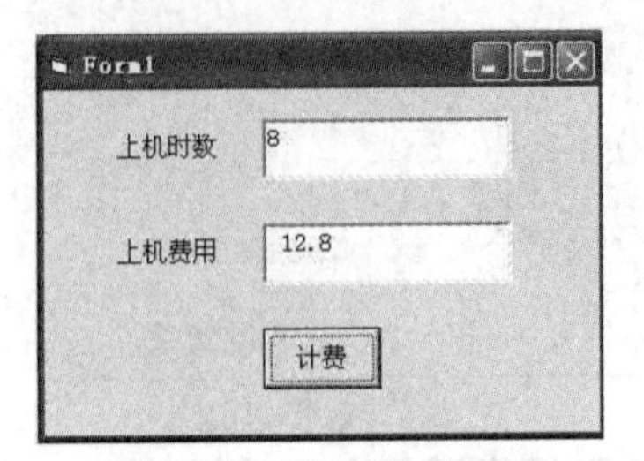

图 5.2 运行界面

表 5.2 属性设置表 2

对象名称	属性名称	属性值
Command1	Caption	计费
Label1	Caption	上机时数
Label2	Caption	上机费用
Text1、Text2	Text	

（3）编写事件代码。

```
Private Sub Command1_Click()
  Dim x!, y!
  x = Val(Text1)
  If x < 3 Then
    y = 2 * x
  ElseIf x < 5 Then
    y = 2 * 0.9 * x
  ElseIf x < 10 Then
    y = 2 * 0.8 * x
  Else
    y = 2 * 0.75 * x
  End If
  Text2 = Str(y)
End Sub
```

保存程序并运行。

3．输入某学生的某科目考试成绩（100 分制），输出该学生的成绩等级。90 分以上为“优秀”，80～89 分为“良好”，70～79 分为“中等”，60～69 分为“及格”，60 分以下为“不及格”。

（1）设计应用程序的界面：在窗体上创建一个命令按钮 Command1，两个标签 Label1 和 Label2，两个文本框 Text1 和 Text2，如图 5.3 所示。

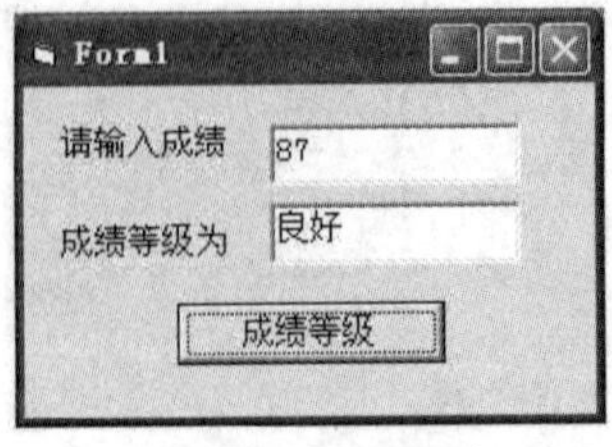

图 5.3 运行界面

（2）设置对象的属性，见表 5.3。

表 5.3　属性设置表 3

对象名称	属性名称	属性值
Command1	Caption	成绩等级
Label1	Caption	请输入成绩
Label2	Caption	成绩等级为
Text1、Text2	Text	

（3）编写事件代码。

```
Private Sub Command1_Click()
  Dim cj!, dj As String
  cj = Val(Text1.Text)
  Select Case Val(Text1) \ 10
  Case 9, 10
    Text2 = "优秀"
  Case 8
    Text2 = "良好"
  Case 7
    Text2 = "中等" Case 6
    Text2 = "及格"
  Case Else
    Text2 = "不及格"
  End Select
End Sub
```

保存程序并运行。

实验六　循环结构程序设计（1）

一、实验目的

1．掌握 For 语句的使用方法。

2．掌握 Do 语句的各种形式的使用方法。

3．掌握单重循环结构。

二、实验内容

1．编写一个程序，当程序运行时，单击窗体后，用单循环结构在窗体上输出规则字符图形，如图 6.1 所示。

提示：使用 String()函数，String()函数可以重复显示某个字符串。例如，String(4,"*")可以生成 4 个连续的“*”，即“****”。

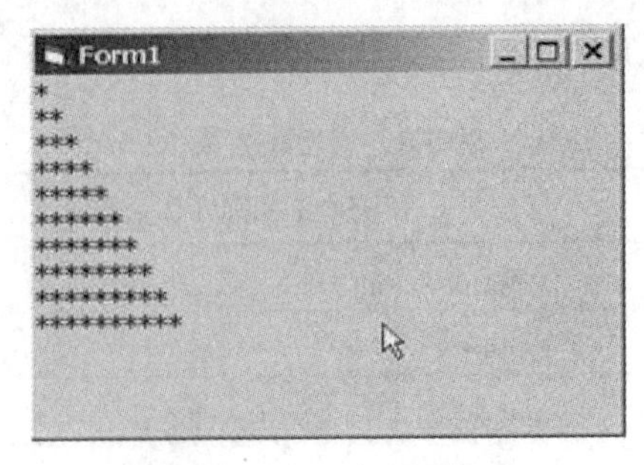

图 6.1 运行界面

编写事件代码。

```
Private Sub Form_Click()
  Dim i%
  Cls
  For i = 1 To 10
    Print String(i, "*")
  Next i
End Sub
```

运行程序并保存。

2．已知工厂去年的年产值为 300 万元，年增长率为 15%。试问经过多少年后，该工厂的年产值可以翻一番？翻一番后的实际产值是多少？

（1）设计应用程序的界面：在窗体上创建 1 个命令按钮 Command1，8 个标签 Label1～Label8，4 个文本框 Text1～Text4，如图 6.2 所示。

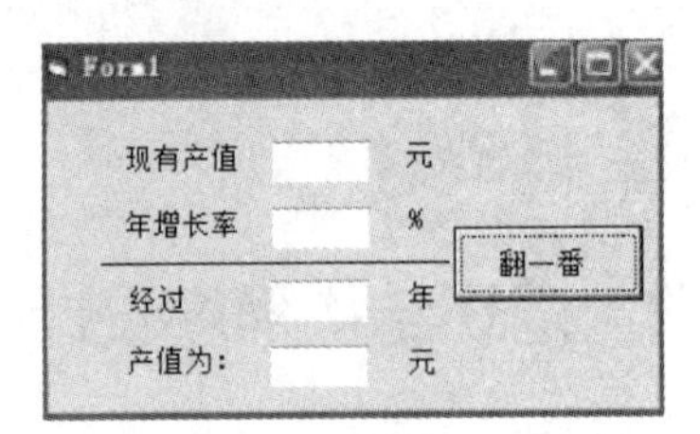

图 6.2 运行界面

（2）设置对象的属性，见表 6.1。

表 6.1 属性设置表

对象名称	属性名称	属性值
Command1	Caption	翻一番
Label1	Caption	现有产值
Label2	Caption	元
Label3	Caption	年增长率
Label4	Caption	%
Label5	Caption	经过
Label6	Caption	年

续表

对象名称	属性名称	属性值
Label7	Caption	产值为：
Label8	Caption	元
Text1～Text4	Text	

（3）编写事件代码。

```
Private Sub Command1_Click()
  Dim p!, s!, y%, r!
  p = Val(Text1)
  r = Val(Text2) / 100
  y = 0
  s = 0
  Do
    y = y + 1
    s = p * (1 + r) ^ y
  Loop While s < 2 * p
  Text3 = Str(y)
  Text4 = Str(s)
End Sub
```

（4）保存程序并运行。

3．输入一个整数，判断其是否是素数（只能被 1 和数本身整除的数是素数）。

（1）在窗体上添加两个标签、一个文本框和一个命令按钮。

（2）标签 Label1 的标题为“请输入一个整数”，标签 Label2 用于输出判断结果，标题为空白，程序运行后标签 Label2 为不可见，当在文本框中输入一个整数，单击“判断是否为素数”命令按钮后，Label2 可见，且输出相应的结果，运行界面如图 6.3 所示。

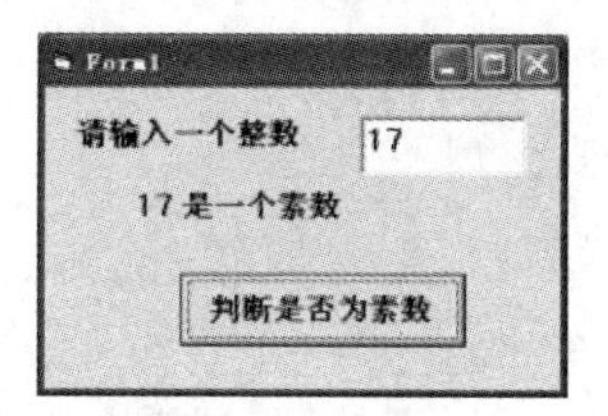

图 6.3　运行界面

（3）代码如下：

```
Private Sub Command1_Click()
    x = Val(Text1)  '在文本框中输入一个数，转换为数值型后，赋给 x
    For i = 2  To  x - 1               '用 x 除以 2 到 x–1 之间的数
       If  x  Mod  i = 0  Then         '若 x 被整除了，说明 x 不是素数
          Exit For                     '跳出循环，此时 x 的值一定小于或等于 x–1
       End If
    Next  i
    If  i > x - 1 Then    '或 if i>sqr(x)  then    ' 正常结束循环后 i=x
```

```
        Label2 = Text1 + "是一个素数"
    Else
        Label2 = Text1 + "不是一个素数"
    End If
End Sub
```

保存程序并运行。

实验七　循环结构程序设计（2）

一、实验目的

1．掌握如何控制循环条件，防止死循环或不循环。

2．掌握多重循环结构。

3．掌握应用循环时的常用算法。

二、实验内容

1．编程输出如图 7.1 所示的数字三角形。

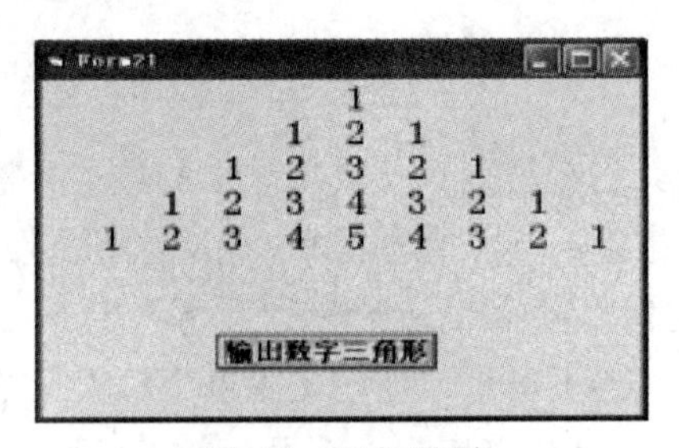

图 7.1　运行界面

参考代码：

```
Private Sub Command1_Click()
  FontSize = 18
  Dim i As Integer
      For i = 1 To 5                 '输出 5 行
          Print Tab(18 - 3 * i) ;    '每行起始列，行增加，起始列在减少，起始列相差 3 列，故用一
个常数与行数 3×i 相减。
          For   k = 1 To   i         '输出第 i 行前 i 个字符
            Print k ;
          Next k
          For   k = i - 1 To   1   Step-1         '输出第 i 行的后 i-1 个字符
              Print k ;                          '注意分号的作用表示不换行
          Next k
           Print          '一行中的所有数据输入完后，换行，准备输出下一行
      Next   i
End Sub
```

保存程序并运行。

2．在文本框 Text1 和 Text2 中输入两个正整数，单击“求最大公约数和最小公倍数”命令按钮，则在 Text3 和 Text4 中显示出它们的最大公约数与最小公倍数，运行结果如图 7.2 所示。

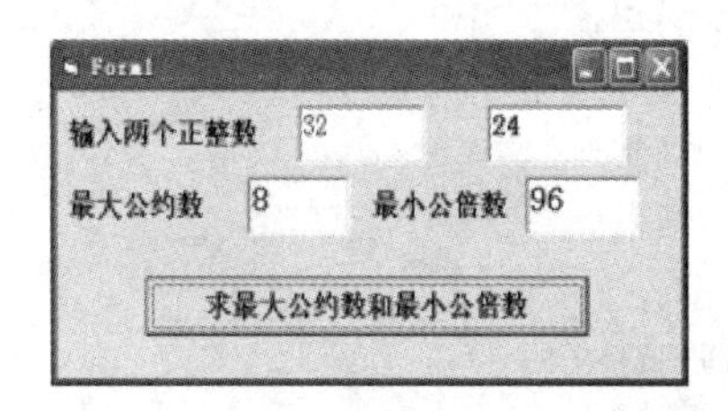

图 7.2 运行界面

参考代码：

```
Private Sub Command1_Click()
    Dim m As Long, n As Long, p As Long
    Dim t As Long, r As Long
    m= CInt(Text1) :   n = CInt(Text2)          '转换为整型
    p = m * n       '求出两个整数之积，目的是用于求两个数的最小公倍数
        If m < n Then
          t = m: m = n: n = t         '交换两个变量，使 m 存放两个数中的大者
        End If
        r = m Mod n                   '求两个整数的余数
        Do While r <> 0               '用辗转相除法，求最大公约数
          m = n: n = r
          r = m Mod n                 '再次计算余数，此句不能省，否则死循环
        Loop
        Text3 = n                     '输出最大公约数
        Text4 = p / n                 '公倍数是两数的乘积除以两数的最大公约数
End Sub
```

思考：若将语句 Do While r <> 0 中的 While 用 Until 代替，则还需要修改哪部分代码才能实现同样的功能？按功能键 F5 运行程序，在文本框中输入两个数（如 32 和 24），单击命令按钮，结果如何？

3．利用 Command1_Click()过程用于判断一个字符串是否是“回文”，所谓“回文”是指字符串顺读与倒读都是一样的，如“潮起潮落，落潮起潮”，运行界面如图 7.3 所示。若文档中没有指定样式的文字，则显示不是回文。请编程实现。

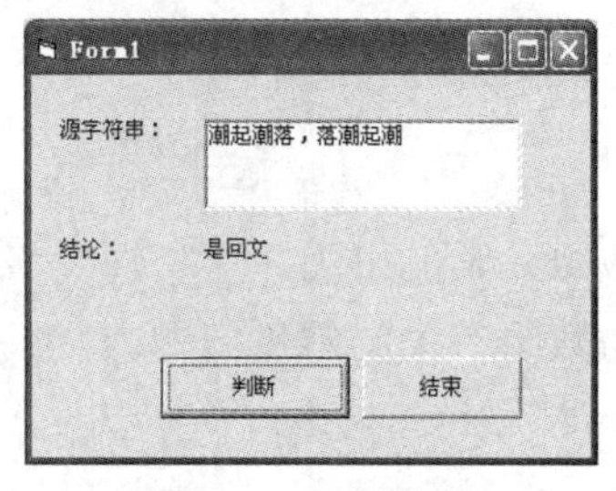

图 7.3 运行界面

解题的步骤：先求原字符串的逆串，再判断原字符串和逆串是否完全相同，若相同则结

论为“是回文”，否则“不是回文”。

代码如下：

```
Private Sub Form_Load()
    Label1.Caption = "源字符串："
    Label2.Caption = "结论："
    Command1.Caption = "判断"
    Command2.Caption = "结束"
End Sub
Private Sub Command1_Click()
  Dim s As String, t As String
  Dim i As Integer, k As Integer
  s = Text1.Text
  k = Len(s)
  For i = 1 To k
    t = Mid(s, i, 1) + t
  Next i
  For i = 1 To k \ 2
    If Mid(s, i, 1) <> Mid(t, i, 1) Then Exit For
  Next i
  If i > k \ 2 Then
    Label3.Caption = "是回文！"
  Else
     Label3.Caption = "不是回文！"
  End If
End Sub
Private Sub Command2_Click()
  End
End Sub
```

上机实践，编写、调试、运行以上程序。

实验八　数组（1）

一、实验目的

1．掌握一维数组的声明、数组元素的引用。

2．掌握应用一维数组解决与数组有关的常见问题。

二、实验内容

1．编写一个程序，删除数组中某个元素，如图 8.1 所示。

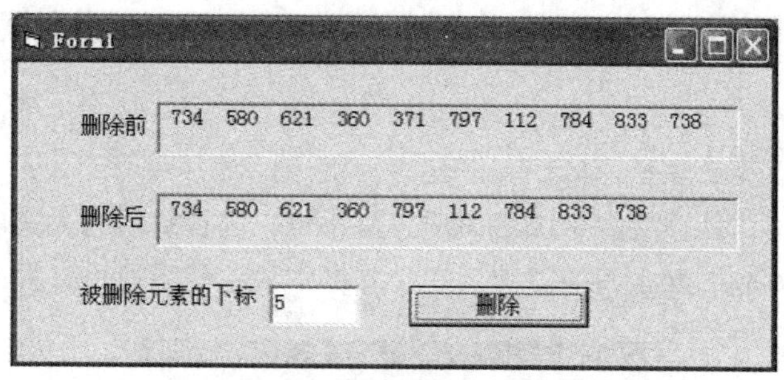

图 8.1　运行界面

（1）设计应用程序的界面：在窗体上创建一个命令按钮 Command1，三个标签 Label1、Label2 和 Label3，一个文本框 Text1，两个图形框 Picture1 和 Picture2。

（2）设置对象的属性，见表 8.1。

表 8.1　属性设置表

对象名称	属性名称	属性值
Command1	Caption	删除
Label1	Caption	删除前
Label2	Caption	删除后
Label3	Caption	被删除元素的下标
Text1	Text	

（3）编写事件代码。

```
Option Base 1
Dim a%(10)
Private Sub Command1_Click() Dim i%, j%
  If Val(Text1) < 1 Or Val(Text1) > 10 Then
    MsgBox "下标超出范围！"
    Text1 = ""
  Else
    For i = Val(Text1) + 1 To 10
        a(i - 1) = a(i)
    Next i
    For i = 1 To 9
        Picture2.Print a(i);
    Next i
  End If
End Sub
Private Sub Form_Click() Dim i%
  Picture1.Cls
  Picture2.Cls
  Text1 = ""
  For i = 1 To 10
    a(i) = Int(Rnd * 900 + 100)
```

```
    Picture1.Print a(i);
  Next i
End Sub
```

保存程序并运行。

2．设计一个程序，找出数组中的最大值、最小值，并计算所有元素的平均值。在列表框中随机产生 10 个 100 到 200 之间的整数，在文本框中显示结果信息，界面如图 8.2 所示。

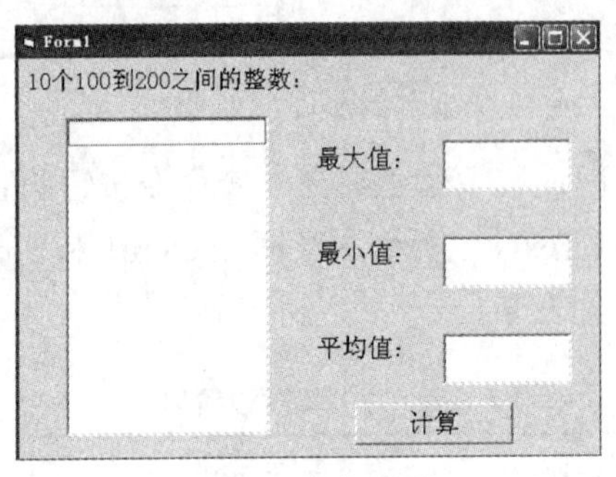

图 8.2　窗体界面

对象属性设置见表 8.2。

表 8.2　属性设置表

对象名称	属性名称	属性值	说明
Label1	Caption	10 个 100 到 200 之间的整数：	标签
Label2	Caption	最大值：	标签
Label3	Caption	最小值：	标签
Label4	Caption	平均值：	标签
Command1	Caption	计算	命令按钮
Text1～Text3	Text	“ ”	文本框
List1	List	“ ”	列表框

（1）数组应在过程内还是过程外定义，定义的语句是什么？

过程外定义

```
Dim a(10) As Integer
```

（2）在窗体载入时，在列表框中随机产生 10 个整数，则程序代码是：

```
Private Sub Form_Load()
  Dim i%
  For i = 1 To 10
    a(i) = Int(Rnd * 101 + 100)
    List1.AddItem a(i)
  Next i
End Sub
```

（3）单击命令按钮，在文本框中显示结果信息，则程序代码是：

```
Private Sub Command1_Click()
```

```
    Dim i As Integer, max%, min%, avg!
    max = a(1)
    min = a(1)
    avg = 0
    For i = 1 To 10
      If max < a(i) Then max = a(i)
      If min > a(i) Then min = a(i)
      avg = avg + a(i)
    Next i
    avg = avg / 10
    Text1.Text = max
    Text2.Text = min
    Text3.Text = avg
End Sub
```

3．从键盘输入一个任意的字符串，将该字符串的所有组成字符拆分开，再按照字符 ASCII 码从小到大的顺序将这些字符重新组成新的字符串。例如输入“a4fkze5”，重新组合的字符串为“45aefkz”，把程序补充完整。

```
Public Sub Form_Click()
    Dim x As String                    '原始字符串
    Dim y As String                    '重新组合的字符串
    Dim c() As String                  '拆分出的字符
    Dim k As Integer                   '字符串长度
    Dim i As Integer, j As Integer
    Dim temp As String
    x = InputBox("输入一个字符串")
    k = len(x)
    ReDim c(k) As String
    For i = 1 To k                     '字符串拆分
      c(i) = mid(x, i, 1)
    Next i
    For i = 1 To k - 1 '用选择法对字符排序
      For j = ___1___
        If___2___Then
          temp = c(i)
          c(i) = c(j)
          c(j) = temp
        End If
      Next j
    Next i
    y = "" '排序后的字符组成新字符串
    For i = 1 To k
        ___3___
    Next i
    Form1.Print " 原 始 字 符 串 "; x
    Form1.Print "重新组合的字符串"; y
End Sub
```

上机实践，调试、运行以上程序。

实验九　数组（2）

一、实验目的

1．掌握二维数组的声明、数组元素的引用。

2．掌握应用二维数组解决与数组有关的常见问题。

3．掌握控件数组的使用方法。

二、实验内容

1．阅读下面程序段，写出运行结果。假设从键盘输入的数据序列是：1，2，3，4，5，6，7，8，9，10，11，12。

```
Private Sub Form_Click()
  Dim a(1 To 3, 1 To 5) As Single
  Dim i As Integer, j As Integer
  For i = 1 To 3
    a(i, 5) = 0
    For j = 1 To 4
      a(i, j) = Val(InputBox("a(" & i & ", " & j & ")="))
      a(i, 5) = a(i, 5) + a(i, j)
    Next j
   a(i, 5) =a(I, 5)/4
  Next i
  For i = 1 To 3                    '输出 3 行 5 列的数组
    For j = 1 To 5
      Print a(i, j);
    Next j
    Print                           '注 1
  Next i
End Sub
```

上机实践，调试并运行以上程序，记录运行结果。

思考：*若把标注 1 语句删除，则运行结果会变成什么？*

2．编写程序，定义一个二维静态数组，输出下列矩阵并分别计算矩阵两条对角线元素之和。

$$\begin{bmatrix} 1 & 2 & 3 & 4 & 5 \\ 6 & 7 & 8 & 9 & 10 \\ 11 & 12 & 13 & 14 & 15 \\ 16 & 17 & 18 & 19 & 20 \\ 21 & 22 & 23 & 24 & 25 \end{bmatrix}$$

程序运行界面如图 9.1 所示。

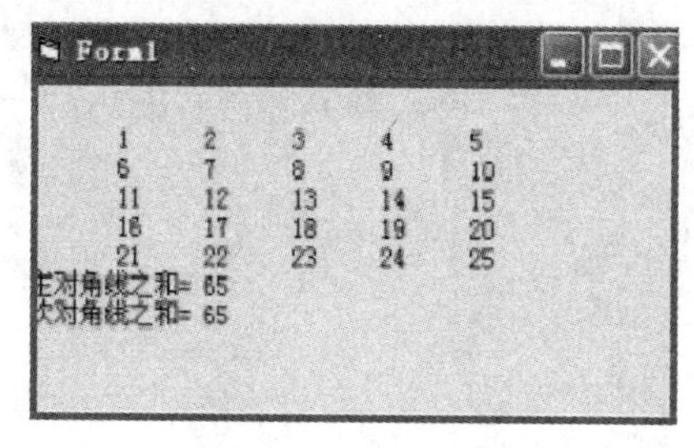

图 9.1 运行界面

参考代码如下：

```
Option Explicit
Option Base 1
Private Sub Form_Click()
  Dim a%(5, 5), i%, j%, sum%, n%, s1%, s2%
  For i = 1 To 5
     For j = 1 To 5
          a(i, j) = 5 * (i - 1) + j '给数组赋值
    Next j
  Next i
  For i = 1 To 5
    For j = 1 To 5
         Print Tab(7 * j); a(i, j); '输出数组
    Next j
    Print
  Next i
  n = 5
  s1 = 0
  s2 = 0
  For i = 1 To 5
    For j = 1 To n
         If i = j Then s1 = s1 + a(i, j)     '主对角线之和
        If i + j = n + 1 Then s2 = s2 + a(i, j)     '次对角线之和
        Next j
    Next i
  Print "主对角线之和="; s1
  Print "次对角线之和="; s2
End Sub
```

3．利用控件数组模拟电话拨号程序，界面设计如图 9.2 所示。要求按任意一个字符都可以在文本框中显示出来，最多可拨 11 位数字字符，单击“重拨”按钮，重新显示原来所拨的号码。建立 Command1 控件数组，索引为 0～9；Command2 和 Command3 分别为“重拨”“清屏”按钮；Timer1 控件为“重拨”服务。

程序运行界面如图 9.2 所示。

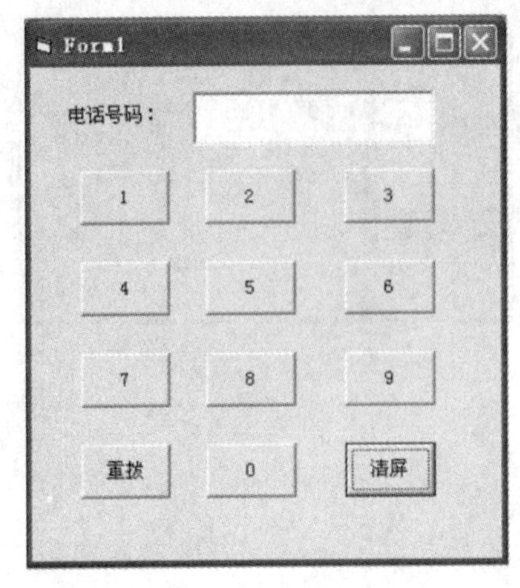

图 9.2　运行界面

参考代码：

```
Dim no As String, i As Integer
Private Sub Command1_Click(Index As Integer)
  If Len(Text1) < 11 Then
    Text1.Text = Text1.Text & Index
  End If
End Sub
Private Sub Command2_Click()
  no = Text1.Text
  Text1.Text = ""
  i = 1
  Timer1.Interval = 200
  Timer1.Enabled = True
End Sub
Private Sub Command3_Click()
  Text1.Text = ""
End Sub
Private Sub Timer1_Timer()
  Text1.Text = Text1.Text & Mid(no, i, i)
  i = i + 1
  If i > Len(no) Then Timer1.Enabled = False
End Sub
```

实验十　函数和过程

一、实验目的

1．掌握函数与过程的定义和调用方法。

2．掌握形参和实参的对应关系。

3．掌握值传递和地址传递的参数传递方式。

4．掌握标准模块的使用方法，掌握变量、函数和过程的作用域。

二、实验内容

1．有一个工程文件的功能是通过调用函数过程 FindMax 求数组的最大值。程序运行后，在 4 个文本框中各输入 1 个整数，然后单击命令按钮，即可求出数组的最大值，并在窗体上显示出来，如图 10.1 所示。这个程序不完整，请把它补充完整，并使其能正确运行。

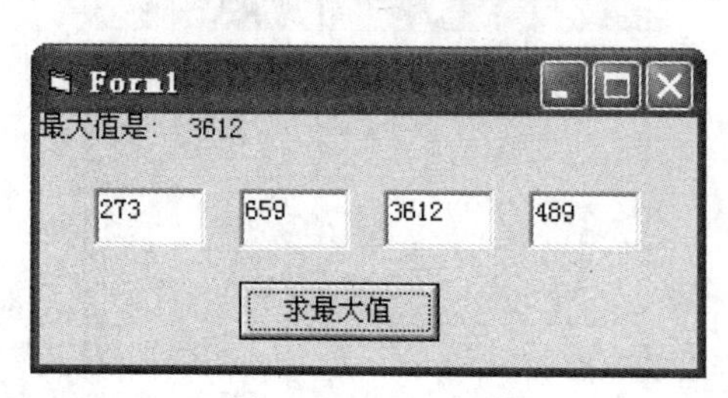

图 10.1　运行界面

要求：去掉程序中的注释符，把程序中的“？”改为正确的内容，使其实现上述功能，但不能修改程序中的其他部分。

题中已经给出的代码：

```
Option Base 1
Private Function FindMax(a() As Integer)
  Dim  Start  As  Integer
  Dim  Finish  As  Integer
  Dim  i  As Integer
    '  Start = ?  (a)
    '  Finish = ?  (a)
    '  Max = ? (Start)
    For i = Start To Finish
      '  If a(i) ?    Max Then Max =   ?
    Next i
    FindMax = Max
End Function
Private Sub Command1_Click()
    Dim arr1
    Dim arr2(4) As Integer
    arr1 = Array(Val(Text1.Text), Val(Text2.Text), Val(Text3.Text), Val(Text4.Text))
    For i = 1 To 4
        '  arr2(i) = CInt( ? )
    Next i
      '  M = FindMax( ? )
    Print "最大值是: "; M
End Sub
```

按功能键 F5 运行程序，在 4 个文本框中输入 4 个数（如 273、659、3612、489），单击“求最大值”按钮，则显示如图 10.1 所示的结果。

2. 编写过程 DeleStr(s1,s2)，将字符串 s1 中出现的字符串 s2 删去，且结果仍存放在 s1 中。

例如：s1= “1234567ABCDEF456789”，s2= “4567”

结果：s1= “123ABCDEF89”

界面设计如图 10.2 所示。

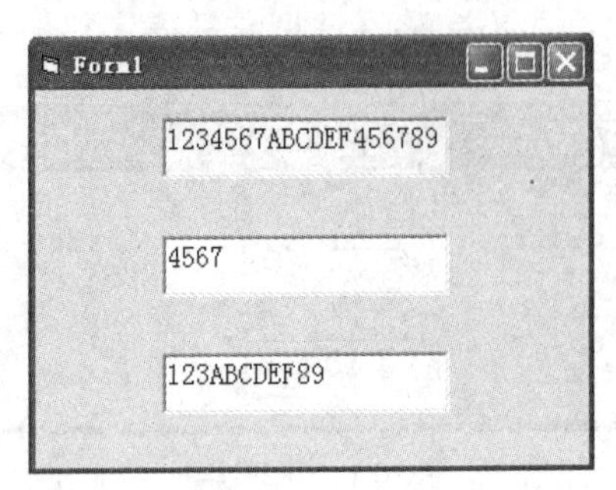

图 10.2 运行界面

研究下面的代码段，考虑应填入什么内容。

```
Private Function delestr(________________) As String
    Dim s As String, m%, n%, k%
    m = Len(s2)
    Do While InStr(s1, s2) > 0
        k = Len(s1)
        n = InStr(s1, s2)
        s = left(s1, n-1)________________
        s1 = s
    Loop
        ________________
End Function
Private Sub Form_Click()
    Dim s1 As String, s2 As String, s As String
    s1 = Text1.Text
    s2 = Text2.Text
    s = delestr(________________)
    Text3.Text = s
End Sub
```

上机实践，调试、运行以上程序。

3. 编一个子程序过程，功能是将一个 3×2 的矩阵转置，程序运行后，在图片框 Picture1 中输出一个 2×3 的矩阵，矩阵中的元素值在[10，99]之间，调用子程序过程，在图片框 Picture2 中输出转置后的矩阵，运行结果如图 10.3 所示。

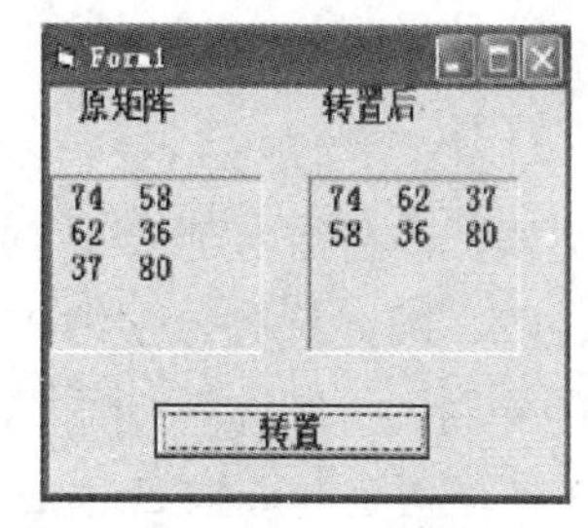

图 10.3　运行界面

操作参考：

```
Private Sub zz(a() As Integer, b() As Integer)  '子程序过程完成转置
  Dim i As Integer, j As Integer
  For i = LBound(a,1) To UBound(a,1)          '数组 a 的行下标的下界及上界
    For j = LBound(a,2) To UBound(a,2)        '数组 a 的列下标的下界及上界
        b(j,i)=a(i,j)   '将 a 中的第 i 行第 j 列元素变为 b 中第 j 行第 i 列
    Next j
  Next i
End Sub
Private Sub Command1_Click()
   Dim a(1 To 3, 1 To 2) As Integer          '原矩阵为 3 行 2 列
   Dim b(1 To 2, 1 To 3) As Integer          '转置后为 2 行 3 列
    For i = 1 To 3                            '随机产生 3×2 矩阵
     For j = 1 To 2
      a(i,j) = Int(Rnd * (100-10 + 1) + 10)   '元素的值为两位正整数
       Picture1.Print a(i, j);     '在图片框 Picture1 中输出原矩阵的值
     Next j
       Picture1.Print                   '输出一个空行
    Next i
    Call zz(a(), b())                   '调用过程，按址传递
    For i = 1 To 2          '在图片框 Picture2 中输出转置后的 2×3 矩阵
      For j = 1 To 3
       Picture2.Print b(i, j);
      Next j
       Picture2.Print
    Next i
End Sub
```

按功能键 F5 运行程序，单击“转置”按钮，运行结果如图 10.3 所示。

实验十一　标准控件和多窗体（1）

一、实验目的

1．掌握单选框、复选框、滚动条控件的常用属性、重要事件和基本方法。

2．掌握列表框、组合框以及图形控件的常用属性、重要事件和基本方法。

二、实验内容

1．在 Form1 窗体中创建一个文本框，名称为 Text1，内容为“计算机等级考试”；请在窗体上画三个框架，名称分别为 F1、F2、F3，标题分别为“字体”“大小”和“修饰”；在 F1 中画两个单选按钮 Op1、Op2，标题分别为“宋体”“隶书”；在 F2 中画两个单选按钮 Op3、Op4，标题分别为“12”“16”；在 F3 中画两个复选框 ch1、ch2，标题分别为“下划线”“斜体”，再画一个命令按钮，名称为 C1，标题为“确定”，如图 11.1 所示。请编写适当的事件过程，使得其在运行时，在 F1、F2 中各选一个单选按钮，在 F3 中选择一个或两个复选框，然后单击“确定”按钮，则文本框中的文字格式按照在单选按钮和复选框中的选择而改变，运行结果如图 11.2 所示。

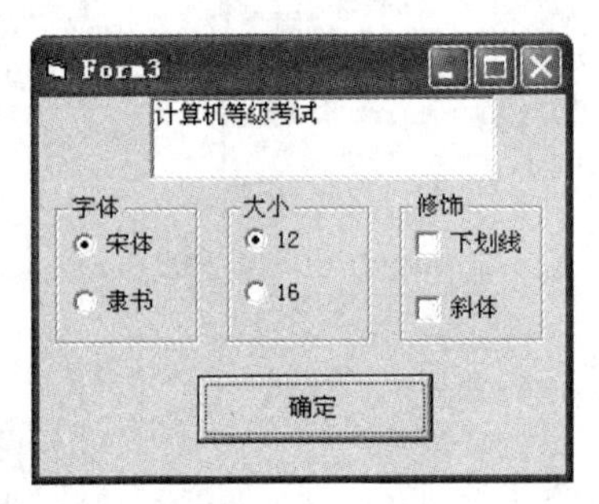

图 11.1　界面设计

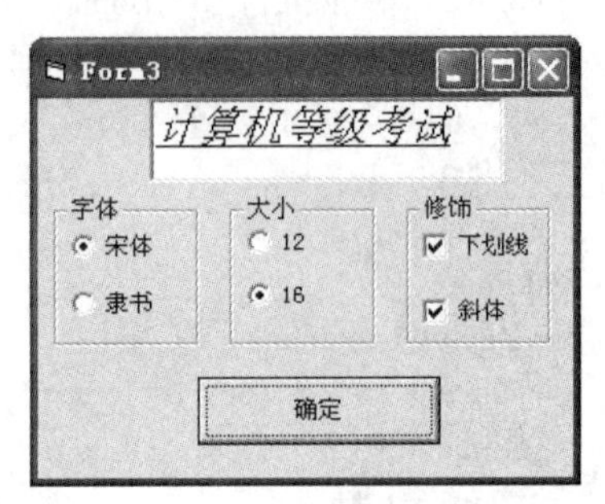

图 11.2　运行界面

操作参考：

（1）设计界面。单击工具箱中的框架按钮控件，在窗体上画三个框架，在名称为 Frame1 的框架中添加两个单选按钮，在名称为 Frame2 的框架中添加两个单选按钮，在名称为 Frame3 的框架中添加两个复选框，再添加一个文本框和一个命令按钮。

（2）设置属性：按表 11.1 设置属性。

表 11.1　属性设置表

对象名称	属性名称	属性值	属性	属性值
文本框 Text1	Text	计算机等级考试		
Command1	名称	C1	Caption	确定
框架 Frame1	名称	F1	Caption	字体
单选按钮 Option1	名称	Op1	Caption	宋体
单选按钮 Option2	名称	Op2	Caption	隶书
框架 Frame2	名称	F2	Caption	大小
单选按钮 Option3	名称	Op3	Caption	12
单选按钮 Option4	名称	Op4	Caption	16
框架 Frame3	名称	F3	Caption	修饰
复选框 Check1	名称	Ch1	Caption	下划线
复选框 Check2	名称	Ch2	Caption	斜体

（3）编写代码（注释部分可以不输入）。

```
Private Sub Command1_Click()
    'FontName 用于设置字体，FontSize 用于设置字体大小
    Text1.FontName = IIf(Op1.Value = True, "宋体", "隶书")
    '或 Text1.FontName = IIf(Op1.Value, "宋体", "隶书")
    '或 Text1.FontName = IIf(Op1.Value, Op1.Caption, Op2.Caption)
    Text1.FontSize = IIf(Op3.Value = True, Op3.Caption, 16)
    If   Ch1.Value = 1 Then
        Text1.FontUnderline = True      '设置下划线
    Else
        Text1.FontUnderline = False
    End If
    If Ch2.Value = 1 Then
        Text1.FontItalic = True         '设置斜体
    Else
        Text1.FontItalic = False
    End If
End Sub
```

注意：对于单选按钮与复选框，是否被选中的属性值的类型不一样。

按功能键 F5，选择一定的格式，单击“确定”按钮，观察文本框中字体的变化。

2．在名称为 Form1 的窗体上画一个文本框（名称为 Text1，Text 属性值为“国”）和一个水平滚动条（名称为 HScroll1），如图 11.3 所示。

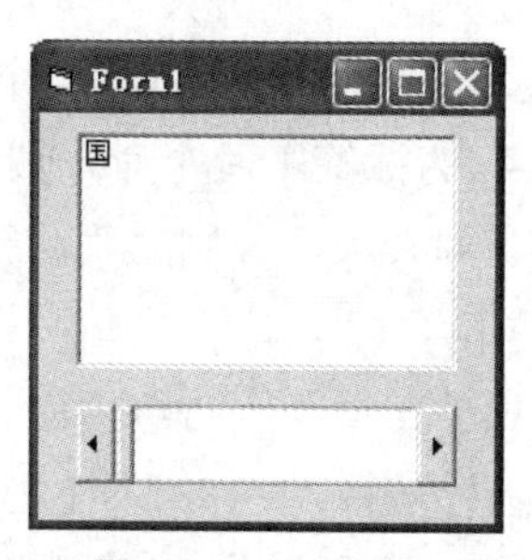

图 11.3　界面设计

程序运行后，如果移动滚动条上的滚动框，则可扩大或缩小文本框中的“国”字，如图 11.4 所示。要求程序中不得使用任何变量。

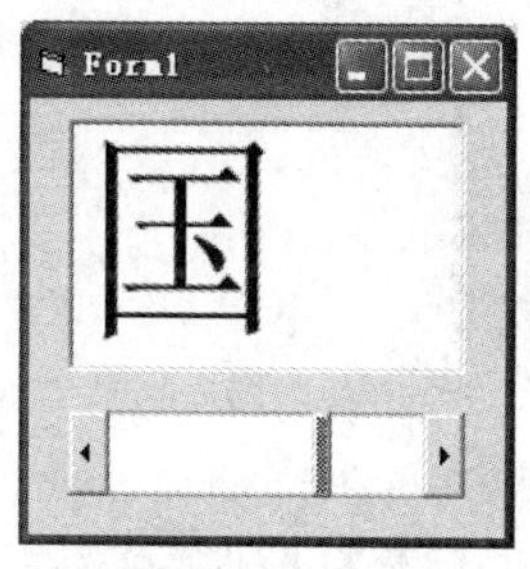

图 11.4　运行界面

操作参考：

（1）设计界面。单击工具箱中的水平滚动条控件，在窗体上添加一个水平滚动条，然后再添加一个文本框。

（2）设置属性：按表 11.2 设置对象的属性。

表 11.2 属性设置表

对象名称	属性名称	属性值
文本框 Text1	Text	国
HScroll1	Min	10
HScroll1	Max	100
HScroll1	LargeChange	5
HScroll1	SmallChange	2

（3）编写代码。

```
Private Sub Form_Load()
        Text1.Tag = Text1.FontSize
End Sub
Private Sub HScroll1_Scroll()
        Text1.FontSize = Text1.Tag * HScroll1.Value / HScroll1.Min
End Sub
```

按功能键 F5，观察界面变化。

3．在窗体上画出一个名称为 Combo1 的组合框，一个名称为 List1 的列表框，一个名称为 Label1、标题为“我购买的电器”的标签，两个命令按钮，标题分别为“清除”“添加”，要求程序运行后，在组合框中有三个列表项，分别为“冰箱”“彩电”“空调”，同时在组合框中显示的是“彩电”项，如图 11.5 所示。

程序运行后在组合框中选择某项单击后，则将该项添加到列表框 List1 中，同时将该项从组合框 Combo1 中删除。单击“清除”按钮，则将 List1 中的所有项都清除，单击“添加”按钮，则弹出一个对话框，输入电器名（如“电脑”）则将其添加到组合框 Combo1 中，如图 11.6 所示。

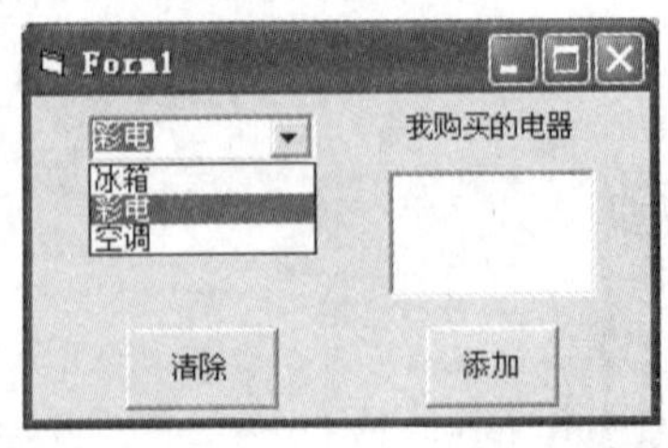

图 11.5 界面设计

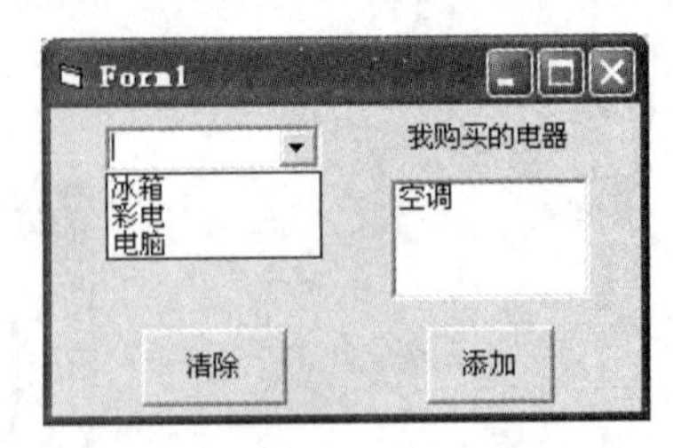

图 11.6 运行界面

操作参考：

（1）设计界面。单击工具箱中的组合框控件，在窗体上添加一个组合框 Combo1，然后再添加一个列表框 List1、一个标签 Label1 和两个命令按钮 Command1 和 Command2。

（2）设置属性：按表 11.3 设置属性。

表 11.3　属性设置表

对象名称	属性名称	属性值
组合框 Combo1	Text	冰箱
Command1	Caption	清除
Command2	Caption	添加
Label1	Caption	我购买的电器

（3）编写代码。

```
Private Sub Combo1_Click()
    List1.AddItem Combo1.Text   '将在组合框中选择的项添加到列表框 List1 中
    Combo1.RemoveItem Combo1.ListIndex   '将在组合框中选择的项删除
End Sub
Private Sub Command1_Click()
   List1.Clear                          '清除所有的项
End Sub
Private Sub Command2_Click()
   Dim s As String
   s – InputBox("请输入添加的电器")
   Combo1.AddItem   s
End Sub
Private Sub Form_Load()
   Combo1.AddItem "冰箱"           '使用方法添加列表项
   Combo1.AddItem "彩电"
   Combo1.AddItem "空调"
End Sub
```

按功能键 F5，在组合框中单击某项，观察输出结果。单击“清除”按钮，观察输出结果，单击“添加”按钮，输入电器名，如“电脑”，观察输出结果。

实验十二　标准控件和多窗体（2）

一、实验目的

1．掌握时钟控件的使用方法。

2．掌握多窗体程序设计的方法。

二、实验内容

1．练习使用“时钟”控件。在窗体上放一个计时器、一个标签和两个按钮，如图 12.1 所示。程序运行后，如果单击“时钟”命令按钮，则该按钮变为禁用，同时标签中每隔 100 毫秒显示当前时间。如果单击“停止”命令按钮，则该按钮变为禁用，同时标签上显示的时间停止变化；再次单击“时钟”按钮后，标签继续动态显示当前时间。

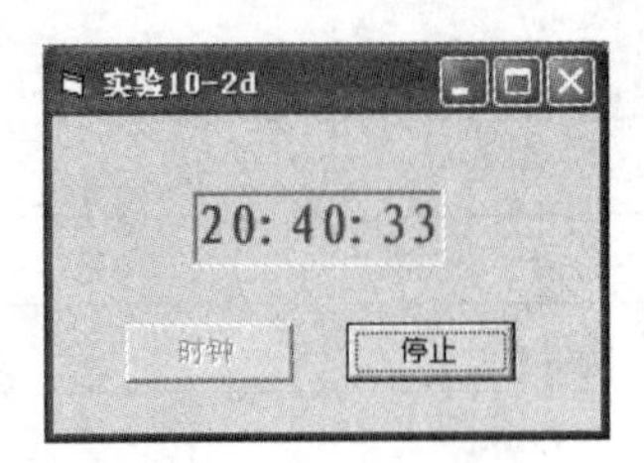

图 12.1　运行效果

参考代码如下：

```
Private Sub Command1_Click()
  Timer1.Interval = 100
  Timer1.Enabled = True
  Command1.Enabled = False
  Command2.Enabled = True
End Sub
Private Sub Command2_Click()
  Command2.Enabled = False
  Command1.Enabled = True
  Timer1.Interval = 0
（或 Timer1.Enabled = False）
End Sub
Private Sub Timer1_Timer()
  Label1.Caption = Str(Time)
  Label1.Visible = Not Label1.Visible
End Sub
```

按功能键 F5，观察输出结果。

2．在窗体 1 添加两个标签、两个文本框、两个按钮，如图 12.2 所示。输入用户名和密码，如果输入正确（正确用户名为“zhangsan”，密码为“123”）就弹出第二个窗体，可自行设计第二个窗体的操作内容，例如可以显示“恭喜你！密码输入正确！”，如图 12.3 所示。如果输入不正确，弹出信息框，显示“对不起！你不能使用该系统”，如图 12.4 所示。此时单击“确定”按钮可回到窗体 1 继续输入用户名和密码。

图 12.2　窗体 1 设计界面

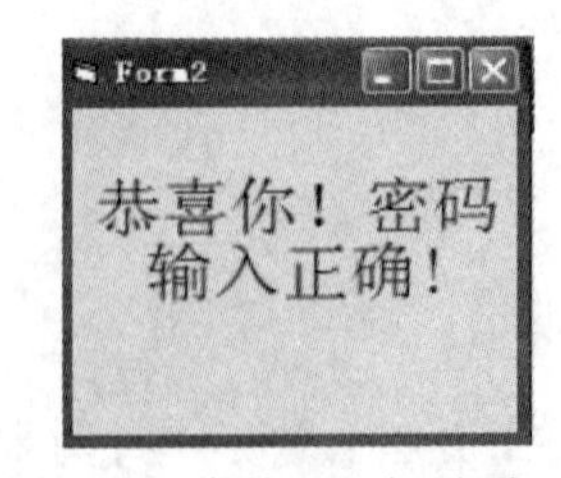

图 12.3　窗体 2 运行界面

图 12.4　信息框运行结果

窗体 1 属性设置见表 12.1。

表 12.1　属性设置表

对象名称	属性名称	属性值
Label1	Caption	确定
Label1	BorderStyle	1
Label2	Caption	取消
Label2	BorderStyle	1
Command1	Caption	确定
Command2	Caption	取消
Text1	Text	“”
Text2	Text	“”

窗体 1 参考代码如下（窗体 2、窗体 3 代码需自行编写）：

```
Private Sub Command1_Click()
    If Text1.Text = "zhangsan" And Text2.Text = "123" Then
        Form2.Show
        Form1.Hide
    Else
        MsgBox "对不起！你不能使用该系统"
    End If
End Sub

Private Sub Command2_Click()
  Text1.Text = ""
  Text2.Text = ""
End Sub
```

上机实践，编写、运行、调试以上程序。

第二部分　习题篇

第一章　Visual Basic 程序设计概述

1.1　选择题

1．在设计应用程序时，通过（　　）窗口可以查看应用程序中的所有组成部分。

A．代码　　B．窗体设计

C．属性　　D．工程资源管理器

2．下述选项中，属于 Visual Basic 程序设计方法的是（　　）。

A．面向对象、顺序驱动　　B．面向对象、事件驱动

C．面向过程、事件驱动　　D．面向过程、顺序驱动

3．Visual Basic 一共有设计、运行和中断三种模式，要使用调试工具应该（　　）。

A．进入设计模式　　B．进入运行模式

C．进入中断模式　　D．不用进入任何模式

4．VB 有三种工作模式，它们分别是（　　）模式。

A．设计、编译和运行　　B．设计、运行和中断

C．设计、运行和调试　　D．编译、运行和调试

5．英文缩写“OOP”的含义是（　　）。

A．事件驱动的编程机制　　B．结构化程序设计语言

C．面向对象的程序设计　　D．可视化程序设计

6．VB6.0 共有三个版本，按功能从弱到强的顺序排列应是（　　）。

A．学习版、专业版和工程版　　B．学习版、工程版和专业版

C．学习版、专业版和企业版　　D．学习版、企业版和专业版

7．下列不能打开属性窗口的操作是（　　）。

A．执行“视图”菜单中的“属性窗口”命令

B．按功能键 F4

C．单击工具栏上的“属性窗体”按钮

D．按组合键 Ctrl+T

8．在设计阶段，当双击窗体上的某个控件时，所打开的窗口是（　　）。

A．工程资源管理器窗口　　B．工具箱窗口

C．代码窗口　　D．属性窗口

1.2 填空题

1．每个窗体必须有一个唯一的________。

2．不能进行代码编写和界面设计的是________模式。

第二章 简单 Visual Basic 面向对象程序设计

2.1 选择题

1．以下不能运行工程的操作是（ ）。

A．执行“运行”菜单中的“启动”命令

B．单击工具栏中的“启动”命令

C．按功能键 F5

D．按组合键 Ctrl+F5

2．假定一个 Visual Basic 应用程序由一个窗体模块和一个标准模块构成。为了保存该应用程序，以下操作正确的是（ ）。

A．只保存窗体模块文件　B．分别保存窗体模块、标准模块和工程文件

C．只保存窗体模块和标准模块文件　D．只保存工程文件

3．对一个程序段单击（或双击），之后程序做出响应，从而实现指定的操作，称为（ ）。

A．可视化程序设计　B．事件驱动编程机制

C．过程化程序设计方法　D．非过程化程序设计语言

4．一个窗体中带图片框控件（已装入图像）的 VB 应用程序从文件上看，至少应该包括的文件有（ ）。

A．窗体文件（.frm）、项目文件（.vbp/vbw）

B．窗体文件（.frm）、项目文件（.vbp/vbw）和代码文件（.bas）

C．窗体文件（.frm）、项目文件（.vbp/vbw）和模块文件（.bas）

D．窗体文件（.frm）、项目文件（.vbp/vbw）和窗体的二进制文件（.frx）

5．在 Visual Basic 中，（ ）被称为对象。

A．窗体　B．控件

C．窗体和控件　D．窗体、控件、属性

6．要使 Form1 窗体的标题栏显示“欢迎使用 VB”，以下程序语句正确的是（ ）。

A．Form1.Text="欢迎使用 VB　B．Form1.Caption='欢迎使用 VB'

C．Form1.Caption=欢迎使用 VB　D．Form1.Caption="欢迎使用 VB"

7．以下叙述中正确的是（ ）。

A．窗体的 Name 属性指定窗体的名称，用来标识一个窗体

B．窗体的 Name 属性的值是显示在窗体标题栏中的文本

C．可以在运行期间改变对象的 Name 属性的值

D．对象的 Name 属性值可以为空

8．以下说法正确的是（　　）。

A．默认情况下控件的 Visible 属性的值是 True

B．如果设置控件的 Visible 属性值为 False，则该控件从内存中卸载

C．Visible 的值可设为 0 或 1

D．设置 Visible 属性同设置 Enabled 属性的功能是相同的

9．决定控件上文字的字体、字形、字号、效果的属性是（　　）。

A．Text　　B．Caption　　C．Name　　D．Font

10．Visual Basic 是一种面向对象的程序设计语言，构成对象的三要素是（　　）。

A．属性、控件和方法　　B．属性、事件和方法

C．窗体、控件和过程　　D．控件、过程和模块

11．窗体文件的扩展名是（　　）。

A．.cls　　B．.frm　　C．.bas　　D．.vbp

12．以下叙述中错误的是（　　）。

A．Visual Basic 是事件驱动型可视化编程工具

B．Visual Basic 应用程序不具有明显的开始和结束语句

C．Visual Basic 工具箱中的所有控件都具有宽度（Width）和高度（Height）属性

D．Visual Basic 中控件的某些属性只能在运行时设置

13．以下方法中不能退出 Visual Basic 环境的是（　　）。

A．按组合键 Alt+Q

B．按组合键 Alt+F，然后按 Esc 键

C．打开“文件”菜单，执行“退出”命令

D．按 F10 键，然后按 F 键，再按 X 键

14．以下关于保存工程的说法正确的是（　　）。

A．保存工程时只保存窗体文件即可

B．保存工程时只保存工程文件即可

C．先保存窗体文件，再保存工程文件

D．先保存工程文件，再保存窗体文件

15．以下叙述中错误的是（　　）。

A．打开一个工程文件时，系统自动装入与该工程有关的窗体文件

B．保存 Visual Basic 程序时，应分别保存窗体文件及工程文件

C．Visual Basic 应用程序只能以解释方式执行

D．窗体文件包含该窗体及其控件的属性

16．工程文件的扩展名是（　　）。

A．.vbg　　B．.vbp

C．.vbw　　D．.vbl

17．刚建立一个新的标准 EXE 工程后，不在工具箱中出现的控件是（　　）。

A．单选按钮　　B．图片框　　C．通用对话框　　D．文本框

18．以下为纯代码文件的是（　　）。

A．工程文件　　B．窗体文件　　C．标准模块文件　　D．资源文件

19．以下说法错误的是（　　）。

A．工程资源管理窗口包括工程文件、工程组文件、窗体文件、标准模块文件、类模块文件、资源文件

B．工程资源管理窗口顶部还有 3 个按钮，分别为“查看代码”“查看对象”和“切换文件夹”

C．用 Visual Basic 设计应用程序时，必须先设计窗体，再编写程序

D．资源文件中存放的各种“资源”是一种可以同时存放文本、图片、声音等多种资源的文件，其扩展名为.res，是一个纯文本文件

20．不能打开代码窗口的操作是（　　）。

A．双击窗体设计器的任何地方

B．按 F4 键

C．单击工程窗口中的“查看代码”按钮

D．选择“视图”下拉菜单中的“代码窗口”命令

2.2　填空题

1．能够获得一个文本框中被选取文本的内容的属性是________。

2．________决定了控件对象的外观，________是发生在控件对象上的动作。

3．工程的扩展名为________。

第三章　Visual Basic 程序设计基础

3.1　选择题

1．下面逻辑表达式的值为假的是（　　）。

A．"Ab"<"a"　　B．"a">"95"　　C．"123">"45"　　D．123>45

2．可以在常量的后面加上类型说明符以显示常量的类型，则用（　　）表示字符串型常量。

A．%　　B．#　　C．!　　D．$

3．VB 中表达式 COS(0)+ABS(-1)+INT(RND(1))+SGN(-5)的值是（　　）。

A．1　　B．-3　　C．-2　　D．2

4．设 a=5，b=4，c=3，d=2，表达式 3 > 2 * b Or a = c And b <> c Or c > d 的值是（　　）。

A．0　　B．1　　C．True　　D．False

5．设 a=2，b=3，c=4，则表达式 Not a<=c Or 4*c=b^2 And b<>a+c 的值是（　　）。

A．-1　　B．1　　C．True　　D．False

6．表达式 3^2*2+3 Mod 10\4 的值是（　　）。

A．18　　B．1　　C．19　　D．0

7．年龄为 20～60（包括 20 和 60）岁或工资少于 500 的女职工。下列是满足以上要求的表达式是（　　）。

A．20<=年龄<=60 and 工资< 500 or 性别="女"

B．20<年龄<=60 and 工资< 500 or 性别="女"

C．20<=年龄<=60 and 工资< 500 and 性别="女"

D．(20<=年龄 and 年龄<=60 or 工资<500) and 性别="女"

8．下列四个选项中，不是 VB 数值常量的是（　　）。

A．2E8　　B．2E0.6　　C．1234　　D．1.5E-4

9．表达式 InStr("ABCDEFG","DE")+ "100"的值是______。

A．4100　　B．1004　　C．104　　D．出错

10．设 a = 5，b = 10，则执行 c = Int((b – a)* Rnd + a)+ 1 后，c 值的范围为（　　）。

A．[5,10]　　B．[6,9]　　C．[6,10]　　D．[5,9]

11．执行下面语句后，

```
Ia=12
Ib=10
Ia=Ib-Ia
Ib=Ib+Ia
Ia=-Ib^2
```

则变量 Ia 的值是（　　）。

A．64　　B．-64　　C．100　　D．-100

12．已知字母 A 的 ASCII 码为十进制的 65，表达式 Asc("A")+Asc("C")+Instr("abcd","d")的值是（　　）。

A．6567　　B．136　　C．"Acabcd"　　D．ACabcd

13．下面变量名不合法的是（　　）。

A．a　　B．abcd　　C．a$x　　D．C_E

14．设 a 为整型变量，能正确表达数学关系“10<a<15”的表达式是（　　）。

A．a > 10 Or a < 15　　B．a > 10 And a <15

C．a > =10 And a < =15　　D．a>=10 And Not (a > = 15)

15．以下可以作为 Visual Basic 变量名的是（　　）。

A．A#A　　B．counstA　　C．3A　　D．?AA

16．下列程序执行的结果为（　　）。

```
X=1:y=3:z=5
Print ""A(""x+z*y ; "")"", X>Y
```

A．(16)　　False　　B．A(16)　　0

C．A(1+5*3)　　False　　D．A16　　True

17．当用 Const　A　As　Integer =9.8 定义后，下列叙述正确的是（　　）。

A．A 是整型常数　　B．A 是整型变量

C．A 是字符型常数　　D．A 是变体类型的常数

18．设 a = ""MicrosoftVisualBasic""，则以下使变量 b 的值为""VisualBasic""的语句是（　　）。

A．b = Left(a, 10)　　B．b = Mid(a,10)

C．b = Right(a, 10)　　D．"b = Mid(a,11,10)

19．设 a="Visual Basic"，下面使 b="Basic"的语句是（　　）。

A．b=Left(a,8,12)　　B．b=Mid(a,8,5)

C．b=Rigth(a,5,5)　　D．b=Left(a,8,5)

20．假设变量 bool_x 是一个布尔型（逻辑型）的变量，则下面正确的赋值语句是（　　）。

A．bool_x="False"　　B．bool_x=.False.

C．bool_x=#False#　　D．bool_x=False

21．VB6.0 规定，不同类型的数据占用的存储空间是不同的。下列各组数据类型中，占用存储空间按从小到大的顺序排列是（　　）。

A．Byte，Integer，Long，Double　　B．Byte，Integer，Double，Boolean

C．Boolean，Byte，Integer，Long　　D．Boolean，Double，Long，Integer

22．将数学表达式 Cos2(a+b)+5e2 写成 Visual Basic 的表达式，其正确的形式是（　　）。

A．Cos (a+b)^2+5*Exp(2)　　B．Cos^2(a+b)+5*Exp(2)

C．Cos(a+b)^2+5*Ln(2)　　D．Cos^2(a+b)+5*Ln(2)

23．下面可以正确定义 2 个整形变量和 1 个字符串变量的语句的是（　　）。

A．Dim n,m AS Interger,s AS String　　B．Dim a%,b$,c AS String

C．Dim a AS Integer,b,c AS String　　D．Dim x%,y AS Integer,z AS String

24．符号%是声明（　　）类型变量的定义符。

A．Integer　　B．Variant　　C．Single　　D．String

25．下面的变量名合法的是（　　）。

A．k_name　　B．k ame　　C．name　　D．k-name

26．Mid(""Hello Everyone"",7,3)的执行结果是（　　）。

A．ong　　B．every　　C．Eve　　D．one

27．用于去掉一个字符串的右边的空白部分的函数是（　　）。

A．RTrim()　　B．Right()　　C．Asc()　　D．Time()

28．表达式 String(2,"Shanghai")的值是（　　）。

A．Sh　　B．Shanghai

C．ShanghaiShanghai　　D．"SS

29．数学表达式 sin25°写成 Visual Basic 表达式是（　　）。

A．Sin25　　B．sin(25)

C．Sin(25°)　　D．Sin(25*3.14/180)

30．设 a＝1，b＝3，c=3，d＝4，下面逻辑表达式的值为真的是（　　）。

A．Sqr(d)>b　　B．d >c And b >a　C．Abs(a-d)<c　　D．Not (c-b)<b

31．设有如下变量声明 Dim TestDate As Date 为变量 TestDate 正确赋值的表达方式是（　　）。

A．TestDate=#1/1/2002#　　B．TestDate=#"1/1/2002"#

C．TestDate=date("1/1/2002")　　D．TestDate=Format(""m/d/yy"",""1/1/2002"")

32．下列表达式的值为 2123 的是（　　）。

A．Val("123asd") & 2000　　B．Val("123asd") + 2000

C．Str(123) & "2000"　　D．Str(123)+"2000"

33．执行以下程序段后，变量 c 的值为（　　）。

```
a = ""Visual Basic Programing""
b = ""Quick""
c =b & UCase (Mid(a, 7, 6) & Right(a, 11)
```

A．Visual BASIC Programing　　B．Quick Basic Programing

C．QUICK Basic Programing　　D．Quick BASIC Programing

34．Rnd()函数不可能为（　　）值。

A．0　　B．1　　C．0.0001　　D．0.333

35．在 Visual Basic 中，表达式 3*2\5 Mod 3 的值是（　　）。

A．1　　B．0　　C．3　　D．出现错误提示

36．执行语句 Dim X, Y as Integer 后，（　　）。

A．X 和 Y 均被定义为整型变量

B．X 和 Y 被定义为变体类型变量

C．X 被定义为整型变量，Y 被定义为变体类型变量

D．X 被定义为变体类型变量，Y 被定义为整型变量

37．以下关系表达式中，其值为 True 的是（　　）。

A．"XYZ">"XYz"　　B．"VisualBasic"<>"visualbasic"

C．"the"="there"　　D．""Integer""<""Int""

38．可以产生 30～50（含 30 和 50）之间的随机整数的表达式是（　　）。

A．Int(Rnd*21+30)　　B．Int(Rnd*20+30)

C．Int(Rnd*50-Rnd*30)　　D．Int(Rnd*20+50)

39．声明一个变量为局部变量应该用（　　）关键字。

A．Dim　　B．Private　　C．Public　　D．Static

40．常量 2.41E-02 的数据类型是（　　）。

A．单精度　　B．整型　　C．双精度　　D．字符型

41．下面（　　）是不合法的整型常数。

A．123%　　B．123&　　C．&O123　　D．%123

42．语句 Print ""int(-13.2)=""; int(-13.2)的运算结果是（　　）。

A．int(-13.2)=-14　　B．int(-13.2)=13.2

C．int(-13.2)=-13　　D．int(-13.2)=-13.2

43．在下列表述中不能判断 x 是否为偶数的是（　　）。

A．x/2=Int(x/2)　　B．x Mod 2=0

C．Fix(x/2)=x/2　　D．x\2=0

44．在 VB6.0 中执行下面的四个语句时出现错误的是（　　）。

A．x=COS(0)　　B．x=SQR(-4)　　C．x=LOG(2)　　D．x=SIN(0)

45．m、n 是整数，且 n>m，在下面四个语句中，能将 x 赋值为一个[m,n]之间（包含 m、n）的任意整数的是（　　）。

A．x=int(RND*(n-m+1))+m　　B．x=int(RND*n)+m

C．x=int(RND*m)+n　　D．x=int(RND*(n-m))+m

46．在 Visual Basic 中，可以在（　　）中检测函数或表达式的值。

A．设计窗口　　B．对象浏览器

C．立即窗口　　D．属性窗口

47．在代码编辑器中，若一条语句过长，则书写语句时可用（　　）作为续行符。

A．一个下划线"-"　　B．一个空格加一个下划线"-"

C．一个减号"-"　　D．一个空格加一个减号"-"

48．设有如下声明：Dim X As Integer。如果 Sgn(X)的值为-1，则 X 的值是（　　）。

A．整数　　B．大于 0 的整数

C．等于 0 的整数　　D．小于 0 的数

49．有事件过程：

```
Private Sub Command1_Click()
N = ""AAAAA""
Mid(N, 2, 3) = ""BBB""
Print N
End Sub
```

运行以上程序后，单击命令按钮，输出的结果是（　　）。

A．"ABBBA"　　B．"AABBB"　　C．ABBBA　　D．AABBB

50．设有如下的记录类型：

```
Type Student
Number As string
name As String
age As Integer
End Type
```

则正确引用该记录类型变量的代码是（　　）。

A．Student.name="张红"

B．Dim s As Student　s.name=""张红""

C．Dim s As Type Student　s.name=""张红""

D．Dim s As Type　s.name=""张红""

51．下列函数中，（　　）函数的返回值是数值型的。

A．Instr　　B．Mid　　C．Space　　D．Chr

52．一个变量要保存-32786，不应定义成（　　）型变量。

A．Integer　　B．Long　　C．Single　　D．Double

53．已知 A$=""4567124""，表达式 val(mid(A,2,3)+right(A,3))的值是（　　）。

A．567124　　B．567124"　　C．"699　　D．456124

54．表达式#11/12/99# +10 的运算结果是（　　）。

A．#11/22/99#　　B．#21/12/99#　　C．#11/22/89#　　D．以上都是

55．Print Format(32548.5,""####,##.##""）的输出结果是（　　）。

A．#325，48.5#　　B．325，48.5　　C．032，548.50　　D．32，548.5

3.2 填空题

1．表达式 ABS(-5)+len("ABCDE")+Int(-5.6)+ABS(-1)+SQR(4)的值是________。

2．表达式 6^4 Mod 34 \3^2 的值是________。

3．有如下程序：

```
DefStr X-Z
Private Sub Command1_Click()
 X = ""123"": Y = ""456""
 Z = X + Y
 Print Z
End Sub
```

运行后，单击命令按钮，输出的结果是________。

4．表达式"Flying"+" "+LCASE("is")+" "+UCASE("FUNNY! ")的值是________。

5．表达式 VAL(".123E2CD")的值是________。

6．已知有如下变量声明语句：Dim a,b As Integer，则变量 b 的类型是________。

7．已知有如下四个算术运算符：*、Mod、^、+，________运算符的优先级别最低。

8．已知 a=3.5，b=5.0，c=2.5，d=True，则表达式 a>=0 And a+ c> b+3 Or Not d 的值是________。

9．数学表达式 |x-y|-In(3x)的 VB 算术表达式为________。

10．表示 x 是 5 的倍数或 9 的倍数的逻辑表达式为________。

11．取字符串 m 中的第 5 个字符起的 6 个字符的表达式为________。

12．表达式 10≤x<20 的关系表达式为________。

13．表达式 12+2 Mod 10\7+Asc("A")的结果是________。

14．整形变量 M 中存放了一个两位数，要将两位数交换位置，例如 24 变成 42，则表达式为________。

15．表达式 String(1,"I am student"）+ Replace("am harass","rass","ppy"）& "!"的值是________。

16．描述“X 是小于 100 的非负整数”的 Visual Basic 表达式是________。

17．表达式 Fix(-12.08)+Int(-23.82)的值为________。

18．把算术式-7ab+4Ln2-5sina 写成 VB 表达式是________。

19．Instr（7,"什么 ASCII 是 ASCII 编码","ASCII"）的结果是________。

20．Instr（"什么 ASCII 是 ASCII 编码","ASCII"）的结果是________。

21．设 A=5，B=6，C=7，D=8，则表达式 3>2*B OR A=C AND B<>C OR C>D 的值是________。

第四章　Visual Basic 程序的顺序结构

4.1　选择题

1．如果在立即窗口中执行以下操作:

```
a = 8 <CR>（<CR>是回车键，下同）
b = 9 <CR>
Print a > b <CR>
```

则输出结果是（　　）。

A．-1　　B．0　　C．False　　D．True

2．语句　Print "" 10+6= "";10+6 输出的结果是（　　）。

A．10+6=10+6　　B．10+6=16　　C．16=10+6　　D．10+6= "" 10+6

3．在窗体上画一个命令按钮和一个文本框，其名称分别为 Command1 和 Text1，把文本框的 Text 属性设置为空白，然后编写如下事件过程:

```
Private Sub Command1_Click()
  a = InputBox(""Enter an integer"")
  b = InputBox(""Enter an integer"")
  Text1.Text = b + a
End Sub
```

程序运行后，单击命令按钮，如果在输入对话框中分别输入 8 和 10，则文本框中显示的内容是（　　）。

A．108　　B．18　　C．810　　D．出错

4．有下列程序：

```
Private Sub Command1_Click()
  x1 = InputBox(""请输入"")
  Print x1 + 111; x1 + ""111""
End Sub
```

运行程序，单击命令按钮并输入 123，则在窗体上输出的结果是（　　）。

A．123111 234　　B．234　123111

C．123111 123111　　D．显示出错信息

5．以下语句的输出结果是（　　）。

```
Print Format$(1234.5, ""00, 000.00"")
```

A．1234.5　　B．01,234.50　　C．01,234.5　　D．1,234.50

6．在窗体（Name 属性为 Form1）上画两个文本框（其 Name 属性分别为 Text1 和 Text2）和一个命令按钮（Name 属性为 Command1），然后编写如下两个事件过程：

```
Private Sub Command1_Click()
  a=Text1.Text+Text2.Text
  Print a
End Sub
Private Sub Form1_Load()
  Textl.Text=""""
  Text2.Text=""""
End Sub
```

程序运行后，在第一个文本框（Text1）和第二个文本框（Text2）中分别输入 78 和 87，然后单击命令按钮，则输出结果为（　　）。

A．165　　B．8778　　C．7788　　D．7887

7．执行下列程序，单击命令按钮后在窗体上输出的结果是（　　）。

```
Private Sub Command1_Click()
  Const PI = 3.14
  PI = 3.1415
  PI = 3.1415926
  Print PI
End Sub
```

A．3.14　　B．3.1415　　C．3.1415926　　D．显示出错信息

8．运行下面的程序后，单击窗体，则在窗体上输出 b 的值为（　　）。

```
Private Sub Form_Click()
   a = 800: b = 30
   a = a + b: b = a - b:   a = a - b
   Print   b
End sub
```

A．30　　B．800　　C．770　　D．830

9．以下语句的输出结果是（　　）。

```
Print Format(32548.5, ″ 000, 000.00″ )
```

A．32548.5　　B．32,548.5　　C．032,548.50　　D．32,548.50

10．运行下面的程序后，单击命令按钮，则在窗体上输出（　　）。

```
Private Sub Command1_Click()
   Print Format(4123.479, ""###.##%"")
End Sub
```

A．412347.9　　B．412347.9%　　C．4123.48%　　D．4123.47%

11．执行下列程序，单击命令按钮，则在窗体上输出（　　）。

```
Private Sub Command1_Click()
  a$ = ""43""
  b$ = ""21""
  c$ = a$ & b$
```

```
  d = Val(c$)
  Print d \ 10
End Sub
```

A．432　　B．432.1　　C．1　　D．432\10

12．执行下列程序，单击命令按钮后在窗体上输出的结果是（　　）。

```
Private Sub Command1_Click()
  Dim A As Integer
  A% = 456: A = 232.45
  B=23.5
  Print A% ;A
End Sub
```

A．456　232. 45　　B．232.32　232.32

C．232　232　　D．显示出错信息

13．下列程序运行时，单击窗体两次后，显示的结果是（　　）。

```
Private Sub Form_Click
  Dim b As Integer
  Static c As Integer
  b = b +2:c = c + 2
  Print ""b =""   b; ""c =""; c
End Sub
```

A．b = 2　c = 2
　　b = 2　c = 2

B．b = 2　c = 2
　　b = 4　c = 4

C．b = 2　c = 2
　　b = 2　c = 4

D．b = 2　c = 2
　　b = 4　c = 2"

14．执行以下语句后，输出的结果是（　　）。

```
Private Sub Command1_Click()
A= ""ABCDEF"":   B=""22""
  Mid(A, 3, 2)=B
  B=Mid(A, 2, 3)
  Print   B
End Sub
```

A．BCD　　B．A22　　C．B22　　D．CDE

15．执行下列程序，单击命令按钮后在窗体上输出的结果是（　　）。

```
Private Sub Command1_Click()
  a = 3: b = 4: C = 4
  a = b = C
  Print a;
  Print a = b = C
End Sub
```

A．False　False　　B．True　False　　C．True　True　　D．-1　0

16．用来设置粗体字的属性是（　　）。

A．FontItalic　　B．FontName　　C．FontBold　　D．FontSize

17．假设有如下的窗体事件过程：

```
Private Sub Form_Click()
  a$ = ""Microsoft Visual Basic""
  b$ = Right(a$, 5)
  c$ = Mid(a$, 1, 9)
  MsgBox a$, 34, b$, c$, 5
End Sub
```

程序运行后，单击窗体，则在弹出的信息框的标题栏中显示的信息是（　　）。

A．Microsoft Visual　　B．Microsoft

C．Basic　　D．5

18．下面四个语句中，能打印显示 20*30 字样的是（　　）。

A．Print "20*30"　　B．Print 20*30

C．Print Chr(20)+","+chr(30)　　D．Print val("20")* val("20")

19．设 x=4，y=6，则以下不能在窗体上显示出""A=10""的语句是（　　）。

A．Print A=x+y　　B．Print　"A="+Str(x+y)

C．Print"A=";x+y　　D．Print"A="&x+y

20．在 MsgBox 函数中（　　）参数是必需的。

A．prompt　　B．buttons　　C．title　　D．context

21．在窗体上画一个命令按钮，名称为 Command1。单击命令按钮时，执行如下事件过程：

```
Private Sub Command1_C1ick()
        a$=""software and hardware""
        b$=Right(a$, 8)
        c$=Mid(a$, 1, 8)
        Msgbox a$,, b$, c$, 1
End Sub
```

运行程序后，单击命令按钮，则在弹出的消息框的标题栏中显示的信息是（　　）。

A．softWare and hardware　　B．software

C．hardwafe　　D．1

22．有如下程序：

```
Const st$ = ""CHINA""
  st$ = ""GREAT""
  Print st$
```

运行后的输出结果是（　　）。

A．CHINA　　B．GREAT　　C．显示出错信息　　D．st

23．在窗体上画一个名称为 Command1 的命令按钮，然后编写如下事件过程：

```
Private Sub Command1_Click()
  c = 1234
  c1 = Trim(Str(c))
  For i = 1 To 4
    Print________
    Next
```

```
End Sub
```

程序运行后，单击命令按钮，要求在窗体上显示如下内容：

```
1
12
123
1234
```

则在横线上应填入的内容为（　　）。

A．Right(c1,i)　　B．Left(c1,i)　　C．Mid(c1,I,1)　　D．Mid(c1,I,i)

24．设窗体上的一个文本框 Text1 和一个命令按扭 Command1 有以下事件过程：

```
Private Sub Command1_Click()
  Dim s As String, ch As String
  s=""""
  For k=1 To Len(Text1)
  ch=Mid(Text1, k, 1)
    s=ch+s
  Next k
  Text1.Text=s
End Sub
```

程序运行时，在文本框中输入""Basic""，然后单击命令按钮，则 Text1 中显示的是（　　）。

A．Basic　　B．cisaB　　C．BASIC　　D．CISAB

25．执行下列语句：

```
x = 1
Print x = x + 1, x
```

输出的结果是（　　）。

A．False　1　　B．2　2　　C．2　1　　D．True　1

26．窗体上有一个名为 Command1 的命令按钮，其事件过程如下：

```
Private Sub Command1.Click()
   X= ""VisualBasicProgramming ""
   a=Right(x, 11)
   b=Mid(x, 7, 5)
   c=MsgBox(a,, b)
End Sub
```

运行程序后单击命令按钮，以下叙述中错误的是（　　）。

A．信息框中的标题是 Basic　　B．信息框中的提示信息是 Programming

C．c 的值是函数的返回值　　D．MsgBox 的使用格式有错

27．下列叙述中正确的是（　　）。

A．MsgBox 语句的返回值是一个整数

B．执行 Msgbox 语句并出现信息框后，不用关闭信息框即可执行其他操作

C．MsgBox 语句的第一个参数不能省略

D．如果省略 MsgBox 语句的第三个参数（Title），则信息框的标题为空

28．执行以下程序：

```
a$=""Visual Basic Programming""
b$=""C++""
c$=Ucase(left$(a$, 7))&b$& Right$(a$, 12)
```

则变量 c$ 的值为（　　）。

A．Visual Basic Programming　　B．VISUALC++ Programming

C．Visual C++ Programming　　D．VISUAL　BASIC Programming

29．下列叙述正确的是（　　）。

A．Spc 函数既能用于 Print 方法中，也能用于表达式

B．Space 函数既能用于 Print 方法中，也能用于表达式

C．Spc 函数与 Space 函数均生成空格，没有区别

D．以上说法均不对

30．运行如下程序，单击命令按钮，则在窗体上输出（　　）。

```
Private Sub Command1_Click()
    a$ = ""This""
    b$ = ""apple""
    Print a$ + "" is a"" & "" "" & b$ & ""!""
End Sub
```

A．Thisis aapple!　　B．This is a apple!

C．This+is a& apple&!　　D．This Is a Apple!

31．为了使文本框同时具有垂直和水平滚动条，应先把 MuitiLine 属性设置为 True，然后再把 ScrollBars 属性设置为（　　）。

A．0　　B．1　　C．2　　D．3

32．
```
Private Sub Command1_Click()
    Text1.Text = ""程序设计""
    Text1.SetFocus
End Sub
Private Sub Text1_GotFocus()
    Text1.Text = ""等级考试""
End Sub
```

其中 Command1 为命令按钮名称，Text1 为文本框名称，运行以上程序，单击命令按钮后，（　　）。

A．文本框中显示的是"程序设计"，且焦点在文本框中

B．文本框中显示的是"等级考试"，且焦点在文本框中

C．文本框中显示的是"程序设计"，且焦点在命令按钮上

D．文本框中显示的是""等级考试""，且焦点在命令按钮上

33．执行如下语句：

```
Private Sub Command1_Click()
  a = InputBox(""Today"", ""Tomorrow"", ""Yesterday"", , , ""Day before yesterday"", 5)
End Sub
```

将显示一个输入对话框，在对话框的输入区中显示的信息是（　　）。

A．Today　　B．Tomorrow

C．Yesterday　　D．Day before yesterday

34．假定有如下命令按钮（名称为 Command1）的事件过程：

```
Private Sub Command1_Click()
x = InputBox(""输入:"", ""输入整数"")
MsgBox ""输入的数据是:"", , ""输入数据:"" + x
End Sub
```

程序运行后，单击命令按钮，如果从键盘上输入整数 10，则以下叙述中错误的是（　　）。

A．x 的值是数值 10

B．输入对话框的标题是"输入整数"

C．信息框的标题是"输入数据:10"

D．信息框中显示的是"输入的数据是:"

35．设有语句 x=InputBox(""输入数值"",""0"",""示例"")。程序运行后，如果从键盘上输入数值 10 并按回车键，则下列叙述中正确的是（　　）。

A．变量 x 的值是数值 10

B．在 InputBox 对话框标题栏中显示的是"示例"

C．0 是默认值

D．变量 x 的值是字符串"10"

36．在 VB 代码中，将多个语句合并写在一行上的并行符是（　　）。

A．撇号(')　　B．冒号(:)　　C．感叹号(!)　　D．星号(*)

37．有如下程序：

```
a$ = ""123""
  b = 111
  Print a$ + b
```

运行后的输出结果是（　　）。

A．234　　B．123111

C．111123　　D．显示出错信息

38．执行下面的语句后，所产生的信息框的标题是（　　）。

```
a = MsgBox(""2004 年 4 月"", ""全国计算机等级考试"", """", 4)
```

A．全国计算机等级考试　　B．空

C．2004 年 4 月　　D．出错

39．在窗体上有一个文本框控件，名称为 TxtTime，一个计时器控件，名称为 Timer1，要求每一秒在文本框中显示一次当前的时间，程序为：

```
Private Sub Timer1（　　）()
  TxtTime.text=Time
End Sub
```

在下划线上应填入的内容是（　　）。

A．Enabled　　B．Visible

C．Interval　　D．Timer

4.2 填空题

1．表达式 Print "12" + "3" + 45 的值是________。
2．表达式 Print Format(32.485,"0000.00%")的值是________。
3．表达式 Print 5 Mod 2 * 6 + 7 \ 2 的值是________。
4．Print format(32548.5,"###,###.##")的输出结果是________。
5．Print format(32548.5,"000,000.00")的输出结果是________。
6．Print Int(12345.6789 * 100 + 0.5)/ 100 语句的输出结果是________。
7．语句 Print 5*5\5/5 的输出结果是________。

第五章 选择结构

5.1 选择题

1．设 a= 8，则执行 x=IIF(a > 10,-1,0)后，x 的值为（　　）。
A．5　　B．6　　C．0　　D．-1
2．下列程序段的执行结果为（　　）。
```
X=Int(Rnd()+4)
Select Case X
   Case 5
            Print  ""优秀""
   Case 4
            Print  ""良好""
   Case 3
            Print  ""通过""
   Case Else
            Print  ""不通过""
End Select
```
A．优秀　　B．良好　　C．通过　　D．不通过
3．有如下程序：
```
Private Sub Form_Click ()
   Sum = 0: P=1
   For  j = 1 To  6
      If  J Mod 2=0  Then
         Sum = Sum + j
         Else
           P=P*J
         End If
   Next  j
   Print  Sum, P
End Sub
```

运行后，单击窗体，输出的结果是（　）。

A．12　15　　B．21　15

C．显示错误信息　　D．15　12

4．有如下程序：

```
Private Sub Form_ Click()
  k=2
  If  k>=1 Then a=3
  ElseIf  k>=2  Then a=2
  ElseIf  k>=3 Then a=1
  Print  a
End Sub
```

运行后，单击窗体，输出的结果是（　）。

A．1　　B．2　　C．3　　D．4

5．有如下程序：

```
Private Sub Form_ Click()
  k=2
  If  k>=1 Then a=3
  If  k>=2 Then a=2
  If  k>=3 Then a=1
  Print  a
 End Sub
```

运行后，单击窗体，输出的结果是（　）。

A．1　　B．3　　C．2　　D．4

6．执行下列语句后整型变量 a 的值是（　）。

```
If (3-2)>2 Then
   a=10
ElseIf (10/2) =6 Then
  a=20
Else
  a=30
End If
```

A．10　　B．20　　C．30　　D．不确定

7．有如下程序：

```
Private Sub Form_ Click()
    K=2
    If k>=1 Then a=3 : GoTo  ab
    If k>=2 Then a=2 : GoTo  ab
    If k>=3 Then a=1
 ab:  Print  k; a
End Sub
```

运行后，单击窗体，输出的结果是（　　）。

A．2　　1　　B．2　　2　　C．2　　4　　D．2　　3

8．有如下程序：

```
Private Sub Form_Click ()
Dim a, b, x As Integer
a=InputBox(""a=?"")
b=InputBox(""b=?"")
x=a+b
If  a>b  Then  x = a - b
Print x
End Sub
```

运行后，单击窗体并从键盘输入 2 和 4，输出的值是（　　）。

A．6　　B．-2　　C．2　　D．24

9．有如下程序：

```
Private Sub Form_Click ()
 s=Val(InputBox(""input value of s:""))
 Select  Case  s
   Case Is <6
     f=s+1
   Case Is<5
     f=s+2
   Case Is<4
     f=s+3
   Case Else
    f=s+4
End Select
Print s ; f
End Sub
```

运行后，单击窗体并从键盘输入 6，输出结果为（　　）。

A．6　7　　B．6　8　　C．6　9　　D．6　10

10．在窗体上画一个命令按钮，名称为 Command1。画三个文本框，名称分别为 Text1、Text2 和 Text3。画一个标签，名称为 Label1。下列程序运行后，三个文本框 Text1、Text2 和 Text3 分别输入的内容是 23、67、12，然后单击命令按钮，则在标签中显示的内容是（　　）。

```
Private Sub Command1_Click()
  Dim  a!, c!, d!
    a = Val (Text1) : b = Val (Text2) : c = Val (Text3)
  If b > a Then
      d= a : a= b: b =d
  End If
    If b> c Then
      x = b
  ElseIf a > c Then
      x = c
```

```
    Else
      x = a
End If
  Label1.Caption = x
End Sub
```

A．67　　B．23　　C．12　　D．不确定

11．有如下程序：

```
Private Sub Form_Click ()
  score=Int(Rnd*10)+80
  Select Case score
  Case Is<60
   a=""F""
  Case 60 To 69
   a=""D""
  Case 70 To 79
   a= ""C ""
  Case 80 To 89
   a= ""B ""
  Case Else
   a= ""A ""
  End Select
  Print a
End Sub
```

运行后，单击窗体，输出的结果是（　　）。

A．A　　B．B　　C．C　　D．D

12．假设 x 的值为 5，则在执行以下语句时，其输出结果为"OK"的 Select case 语句是(　　)。

A．
```
Select Case X
    Case 10 to 1
        Print ""OK""
    End Select
```

B．
```
Select Case X
    Case Is > 5, Is <5
        Print ""OK""
    End Select
```

C．
```
Select Case X
    Case Is > 5, 1,3 to 10
        Print ""OK""
    End Select
```

D．
```
Select Case X
    Case 1,3, Is > 5
        Print ""OK""
    End Select"
```

13．设有下列语句:

```
x=5
If x>0 Then y=5
     y=10
```

程序运行后，则下列叙述中正确的是（　　）。

A．变量 y 的值是 5　　B．变量 y 的值是 10

C．变量 x 的值是 5，变量 y 的值是 5　　D．变量 y 的值不能确定

14．在窗体上画 1 个命令按钮（名称为 Command1）和 1 个文本框（名称为 Text1），然后

编写如下事件过程：

```
Private Sub Command1_Click()
  x=Val(Text1.Text)
  Select Case x
    Case 1, 3
      y=x*x
    Case Is>=10, Is<=-10
      y=x
    Case -10 To 10
      y=-x
  End Select
End Sub
```

程序运行后，在文本框中输入 3，然后单击命令按钮，则以下叙述中正确的是（　　）。

A．执行 y=x*x　　B．执行 y=-x

C．先执行 y=x*x，再执行 y=-x　　D．程序出错

15．有名称为 Opiton1 的单选按钮，且程序中有语句 If Option1.value=True then，则下面语句中与该语句不等价的是（　　）。

A．If Option1.Value then　　B．If Option1=True then

C．If value=True then　　D．If Option1 then

16．现有语句 y=IIf(x>0，x Mod 3，0)，设 x=10，则 y 的值是（　　）。

A．0　　B．1　　C．3　　D．语句有错

17．设 a = ""a""，b = ""b""，c = ""c""，d = ""d""，执行语句 x=iif((a<d),""A"",""B"")后，x 的值为（　　）。

A．"A"　　B．"B"　　C．B　　D．A

18．有如下程序：

```
Private Sub Form_Click()
   b=3 : a=2: C=4
   Print
iif(a>=b, a, iif(C>b, C, b))
End Sub
```

运行后，单击窗体，输出的结果是（　　）。

A．0　　B．3　　C．2　　D．4

19．设 a=5，　b=6，　c=7，　d=8，执行语句 X=iif((a＞b)And(c＞d), 10, 20）后，x 的值是（　　）。

A．10　　B．20　　C．30　　D．200

5.2　填空题

1．下面程序段是将列表框 List1 中重复的项目删除，只保留一项。

```
For i = 0 To List1.ListCount - 1
  For j = List1.ListCount - 1 To i + 1 Step -1
    If List1.List(i) = List1.List(j) Then
```

```
        ________
        End If
      Next j
    Next i
```

2．Picture1.ScaleLeft=-200，Picture1.ScaleTop=250，Picture1.ScaleWidth=500，Picture1. ScaleHeight=-400，则 Picture1 右下角坐标为________。

3．假如列表框（List1）有 3 个数据项，那么把数据项"Apple"添加到列表框的最后，应使用的语句是________。

4．在窗体上画一个列表框和一个文本框，然后编写如下两个事件过程：

```
Private Sub Form_Load()
    List1.AddItem ""357""
    List1.AddItem ""246""
    List1.AddItem ""123""
    List1.AddItem ""456""
    Text1.Text=""""
End Sub
Private Sub List1_DblClick()
    M = List1.Text
    Print M + Text1.Text
End Sub
```

程序运行后，在文本框中输入""123""，然后双击列表框中的""456""，则输出结果为________。

第六章　循环结构

6.1　选择题

1．有如下事件过程：

```
Private Sub Form_Click()
    Dim n As Integer
    x = 0
    n = InputBox(""请输入 一个整数"")
    For i = 1 To n
      For j = 1 To i
        x = x + 1
      Next j
   Next i
   Print x
End Sub
```

程序运行后，单击窗体，如果在输入对话框中输入 5，则在窗体上显示的内容是（　　）。

A．13　　B．14　　C．15　　D．16

2．有如下程序：

```
Private Sub Form_Click ()
    S=0
    Do
      s=(s+1)*(s+2)
      Number = Number + 1
    Loop Until s >=30
    Print Number ; s
End Sub
```

运行后，单击窗体，输出的结果是（　　）。

A．0　1　　B．30　30　　C．4　30　　D．3　182

3．阅读下面的程序段：

```
For i=1 To 3
    For j=1 To i
        For k=j To 4
            a=a+1
        Next k
    Next j
 Next i
```

执行上面的三重循环后，a 的值为（　　）。

A．9　　B．14　　C．20　　D．21

4．下述程序的运行结果是（　　）。

```
Private Sub Form_Click()
  j = 0
  Do While j < 30
    j = (j + 1) * (j + 2)
    k = k + 1
  Loop
  Print k; j
End Sub
```

A．0　1　　B．3　182　　C．30　30　　D．4　30

5．在窗体上画一个名称为 Command1 的命令按钮，一个名称为 Label1 的标签，然后编写如下事件过程：

```
Private Sub Command1_Click()
  s = 0
  For i = 1 To 15
    X = 2 * i - 1
    If X Mod 3 = 0 Then s = s + 1
  Next i
  Label1.Caption = s
End Sub
```

程序运行后，单击命令按钮，则标签中显示的内容是（　　）。

A．1　　B．5　　C．27　　D．45

6．有如下程序：

```
Private Sub Form_Click()
    Dim check As Boolean, n As Integer
    check=False
    n= 0
    Do
        Do While n< 10
            n=n + 1
            If n= 5 Then
                check=True
                Exit Do
            End If
            Print n;
        Loop
    Loop Until check=True
End Sub
```

程序运行后，输出的结果是（　　）。

A．1　2　3　　B．1　2　3　4

C．1　2　3　4　5　　D．1　2　3　4　5　6

7．下述程序的运行结果为（　　）。

```
Private Sub Form_Click()
  For i = 1 To 4
    If i = 1 Then x = i
    If i <= 4 Then x = x + 1
    Print x;
  Next i
End Sub
```

A．1　2　3　4　　B．2　3　4　5

C．2　3　4　4　　D．3　4　5　6

8．有如下程序：

```
Private Sub Form_Click ()
      For x = 1 To 2
        a=0
        For y = 1 To x +1
          a=a+1
        Next y
        Print a;
  Next x
End Sub
```

程序运行后，单击窗体，输出的结果是（　　）。

A．1 1　　B．0 0　　C．1 2　　D．2 3

9．下列程序运行后，单击窗体，则在窗体上显示的内容是（　　）。

```
Private Sub Form_Click()
```

```
For n = 1 to 3
   For   m = 1 to n
      Print m;
   Next   m
   Print
Next n:End Sub
```

A. 1
   1 2
   1 2 3

B. 1 2 3
   1 2
   1

C. 3
   2
   1

D. 1
   2 2
   3 3 3

10．有如下程序：

```
Private Sub Form_Click ()
  m=1
  For k = 3 To 1 Step -1
        x=String(k, ""*"")
        Print m ; x
        m=m+1
Next k
End Sub
```

运行后，单击窗体，输出的结果是（　　）。

A. 1*
   2* *
   3* * *

B. 1*
   2*
   3*

C. 3*
   2**
   1***

D. 1***
   2**
   3*

11．运行以下程序后，单击窗体，输出的结果是（　　）。

```
Private Sub Form_Click()
    a = 0: b = 1
    Do
      a = a + b
      b = b + 1
    Loop While a < 10
    Print a; b
End Sub
```

A. 10　5　　　B. a　b　　　C. 0　1　　　D. 10　30

12．在窗体上画一个命令按钮和两个标签，名称分别为 Command1、Label1 和 Label2，然后编写如下事件过程：

```
Private Sub Command1_Click()
a=0
```

```
For i=1 To 10
    a=a+1
    b=0
    For j=1 To 10
     a=a+1
     b=b+2
    Next   j
Next   i
Label1. Caption=Str(a)
Label2.Caption=Str(b)
End Sub
```

程序运行后，单击命令按钮，在标签 Label1 和 Label2 中显示的内容分别为（　　）。

A．10 和 20　　B．20 和 110

C．200 和 110　　D．110 和 20

13．有如下程序：

```
Private Sub Form_Click()
  For i = 1 To 4
    m = 0
    For j = 1 To 5
      m = 1
      For k = 1 To 6
        m = m + 5
      Next k
    Next j
  Next i
  Print m
End Sub
```

程序运行后，单击窗体，输出的结果是（　　）。

A．11　　B．12　　C．31　　D．41

14．在窗体上画一个命令按钮和一个标签，其名称分别为 Command1 和 Label1，然后编写如下事件过程：

```
Private Sub Command1_Click()
  Counter=0
For i=1 To 3
   For j=6 To 2 Step -2
Counter=Counter+1
   Next j
  Next i
Label1.Caption=Str(Counter)
End Sub
```

程序运行后，单击命令按钮，标签中显示的内容是（　　）。

A．11　　B．9　　C．16　　D．20

15．有如下程序：

```
Private Sub Form_Click()
  Dim i As Integer, sum As Integer
  sum = 0
  For i = 2 To 10
    If i Mod 2 <> 0 And i Mod 3 = 0 Then
      sum = sum + i
    End If
  Next i
 Print sum
End Sub
```

程序运行后，单击窗体，输出结果为（　　）。

A．12　　B．30　　C．24　　D．18

16．在窗体上画一个命令按钮，然后编写如下事件过程：

```
Private Sub Command1_Click()
    x = 0
    Do Until x = -1
      a = InputBox(""请输入 a 的值"")
      a = Val(a)
      b = InputBox(""请输入 b 的值"")
      b = Val(b)
      x = InputBox(""请输入 x 的值"")
      x = Val(x)
      a = a + b + x
   Loop
   Print a
End Sub
```

程序运行后，单击命令按钮，依次在输入对话框中输入 10、8、9、2、11、-1，则输出结果为（　　）。

A．12　　B．13　　C．14　　D．15

17．有如下程序：

```
Private Sub Form_Click()
  Dim Check, Counter
  Check = True
  Counter = 0
Do
  Do While Counter < 20
    Counter = Counter + 1
    If Counter = 10 Then
      Check = False
    Exit Do
    End If
  Loop
Loop Until Check = False
Print Counter, Check
End Sub
```

程序运行后，单击窗体，输出结果为（　　）。

A．15　0　　B．20　-1　　C．10　True　　D．10　False

18．有如下程序：

```
For I=1 to 3
    For j=5 to 1 Step -1
        Print I*j
    Next j
Next I
```

运行程序，则语句 Print　I*j 的执行次数及 I、j 的值分别是（　　）。

A．15　4　0　　B．16　3　1　　C．17　4　0　　D．18　3　1

19．当下面的程序运行时，单击窗体，输出的结果是（　　）。

```
Private Sub Form_Click()
        s = 0: n = 5
        For i = 1 To n
          s = s +i
        Next    i
        Print s;i
End Sub
```

A．15　5　　B．20　1　　C．15　6　　D．30　5

20．在窗体上画两个名称分别为 Text1、Text2 的文本框和一个名称为 Command1 的命令按钮，然后编写如下事件过程：

```
Private Sub Command1_Click()
Dim x As Integer, n As Integer
x=1:n=0
Do While x<20
    x=x*3 :n=n+1
Loop
Text1.Text=Str(x)
Text2.Text=Str(n)
End Sub
```

程序运行后，单击命令按钮，在两个文本框中显示的值分别是（　　）。

A．15 和 1　　B．27 和 3　　C．195 和 3　　D．600 和 4

21．当下面的程序执行时，单击窗体并输入 32 和 24，输出的结果是（　　）。

```
Private Sub Form_ Click()
  Dim m, n As Integer
  Dim a, b, r
  m = Val(InputBox(""请输入一个数""))
  n = Val(InputBox(""请输入一个数""))
  a =m: b=n
  r=a Mod b
  Do    While r<>0
          a =b:b =r
          r =a Mod b
```

```
        Loop
        Print b
End Sub
```

A．2　　B．4　　C．6　　D．8

22．在窗体上画一个名称为 Text1 的文本框和一个名称为 Command1 的命令按钮，然后编写如下事件过程：

```
Private Sub Command1_Click()
  Dim i As Integer, n As Integer
  For i=0 To 50
    i=i+3
    n=n+1
    If i>10 Then Exit for
  Next
  Text1.Text=Str(n)
End Sub
```

程序运行后，单击命令按钮，在文本框中显示的值是（　　）。

A．2　　B．3　　C．4　　D．5

23．下列程序段的执行结果为（　　）。

```
X=1: Y=1
For I=1 To 3
        F=X +Y
        X=Y : Y=F
        Print F ;
Next I
```

A．2　3　6　　B．2　2　2

C．2　3　4　　D．2　3　5

24．有如下程序：

```
Private Sub Form_Click ()
  For j =1 To 20   step 2
    If  j\3 = j/ 3   Or   j\5 = j/ 5 Then
          Sum = Sum + j
        End if
  Next j
  Print Sum
End Sub
```

程序运行后，单击窗体，输出的结果是（　　）。

A．27　　B．15　　C．32　　D．20

25．在窗体上画一个列表框和一个文本框，然后编写如下事件过程：

```
Private Sub Form_Load()
  List1.AddItem ""1""
  List1.AddItem ""2""
  List1.AddItem ""3""
  List1.AddItem ""4""
```

```
End Sub
Private Sub List1_dblClick()
    For i = 1 To List1.ListIndex
        List1.ListIndex = i
        s = s + Val(List1.Text)
        Print s
  Next i
  Text1.Text = s
End Sub
```

程序运行后，双击列表框中的最后一项，在文本框 Text1 中输出的结果是（　　）。

A．3　　B．6　　C．9　　D．10

26．有如下程序：

```
Private Sub Form_ Click()
  b =1:a =1
  Do While b<100
            a =2*a
            If   a>6   Then   Exit   Do
            b =a^2+b^2
  Loop
  Print b
End Sub
```

程序运行后，单击窗体，输出的结果是（　　）。

A．40　　B．41　　C．42　　D．43

27．有如下程序：

```
Private Sub Form_Click ()
  For j = 1 To 20
    a   = a + j Mod 5
  Next j
  Print a ; j
End Sub
```

程序运行后，单击窗体，输出的值为（　　）。

A．40　21　　B．34　21　　C．21　34　　D．34　20

28．在窗体上画一个名称为 Command1 的命令按钮，并编写以下程序：

```
Private Sub Command1_Click()
  Dim n%, b, t
  t = 1:b = 1:n = 2
  Do
    b = b*n
    t = t + b
    n = n +1
  Loop Until n>6
  Print t
End Sub
```

此程序计算并输出一个表达式的值，该表达式是（　　）。

A．5!　　B．6!　　C．1!+2!+…+5!　　D．1!+2!+…+6!

29．执行下面的程序后，x 的值为（　　）。

```
x=50
Fox i=1 To 20 Step 2
    x=x+i\5
Next i
```

A．66　　B．16　　C．68　　D．69

30．假定有如下事件过程：

```
Private Sub Form_Click()
    Dim x As Integer, n As Integer
    x = 1
    n = 0
    Do While x < 28
      x = x * 3
      n = n + 1
    Loop
    Print x, n
End Sub
```

程序运行后，单击窗体，输出结果是（　　）。

A．81　4　　B．56　3　　C．28　1　　D．243　5

31．有如下程序：

```
Private Sub Form_ Click()
    c =4
    x = Val(InputBox(""请输入一个数""))
    While x<>-999
        If x>c Then c=x
        x = Val(InputBox(""请输入一个数""))
    Wend
    Print c; : Print   Abs(x)
End Sub
```

程序运行后，单击窗体并输入 9，8，2，-999，输出的结果是（　　）。

A．9　8　　B．9　2　　C．9　999　　D．2　999

32．已知字母 C 的 ASCII 码是 67，在窗体中添加一个命令按钮，并编写如下程序：

```
Private Sub Command1_Click()
    m = 67: a = ""C""
    Print Tab(10); a
    For i = 1 To 3
      m = m + 1
      a = Chr(m) + a + Chr(m)
   Next i
End Sub
```

程序运行后，单击命令按钮，输出的结果是（　　）。

A．A
　　AB

B．A
　　BAB

　　ABC　　　　　　　　　　CBABC
　　ABCD　　　　　　　　　DCBABCD
C．C　　　　　　　　　　D．A
　　DCD　　　　　　　　　BAB
　　EDCDE　　　　　　　　CBABC
　　FEDCDEF　　　　　　　DCBAB

33．有如下程序：

```
Private Sub Form_ Click()
a = ""54321"": b = ""abcde""
      For j = 1 To 5
          Print Mid(a, 6 - j, 1) + Mid(b, j, 1);
      Next j
      Print
End Sub
```

程序运行后，单击窗体，输出的结果是（　　）。

A．a1b2c3d4e5　B．a5b4c3d2e1　C．e1d2c3b4a5　D．1a2b3c4d5e

34．在窗体上画一个命令按钮，名称为Command1，然后编写如下程序：

```
Private Sub Command1_Click()
  For I= 1 to 2
      For J=1 to I
         Print String (I, ""Hello"");
      Next J
    Print
  Next I
End Sub
```

程序运行后，如果单击命令按钮，则在窗体上显示的内容是（　　）。

A．H　　　　　　　　　　B．H
　　HHH　　　　　　　　　HHHH
C．HHHHH　　　　　　　　D．hello
　　　　　　　　　　　　　Hellohel
　　　　　　　　　　　　　lohello"

35．假定有以下程序段：

```
For i=1 to 3
   For j=5 to 1 step -1
     Print i*j
   Next j
Next i
```

则语句 Print i*j 的执行次数是（　　）。

A．15　　B．16　　C．17　　D．18

36．在窗体上画两个文本框（名称分别为 text1 和 text2）和一个命令按钮（名称为Command1），然后编写如下事件过程：

```
Private Sub Command1_Click()
  x = 0
  Do While x < 50
   x = (x + 2) * (x + 3)
   n = n + 1
  Loop
  text1.Text = Str(n)
  text2.Text = Str(x)
End Sub
```

程序运行后，单击命令按钮，在两个文本框中显示的值分别为（　　）。

A．1 和 0　　B．2 和 72　　C．3 和 50　　D．4 和 168

37．有如下程序：

```
Private Sub Command1_Click()
  a=0
For j=1 to 15
   a=a+j Mod 3
Next j
Print a
End Sub
```

程序运行后，单击窗体，输出的结果是（　　）。

A．105　　B．1　　C．120　　D．15

38．下列程序段中，能正常结束循环的是（　　）。

A．
```
I = 1
Do
 I = I + 2
Loop Until I = 10
```

B．
```
I = 5
DO
I = I + 1
Loop Until I < 0
```

C．
```
I = 10
D0
    I = I+1
Loop Until I>0
```

D．
```
I = 6
Do
 I = I - 2
Loop Until I = 1
```

39．为计算 1+3+5+…+99 的值，编程如下：

```
k=1
s=0
While k<=99
k=k+2 :    s=s+k
Wend
Print   s
```

在调试时发现运行结果有错误，需要修改。下列错误原因和修改方案中正确的是（　　）。

A．While …Wend 循环语句错误，应改为 For k=1 To 99 …Next k

B．循环条件错误，应改为 While k<99

C．循环前的赋值语句 k=1 错误，应改为 k=0

D．循环中两条赋值语句的顺序错误，应改为 s=s+k : k=k+2

40．有人设计了如下程序用来计算并输出 7!（7 的阶乘）：

```
Private Sub Command1_Click()
  t=0
  For k=7 To 2 Step -1
  t=t*k
  Next
  Print t
End Sub
```

执行程序时，发现结果是错误的，下面的修改方案中能够得到正确结果的是（　　）。

A．把 t=0 改为 t=1

B．把 For k = 7 To 2 Step -1 改为 For k =7 To 1 Step -1

C．把 For k = 7 To 2 Step -1 改为 For k=1 To 7

D．把 Next 改为 Next k

41．Do Until...Loop 循环命令的功能是（　　）。

A．先进入循环执行语句段落，再判断是否再进入循环

B．先进入循环执行语句段落，再判断是否不再进入循环

C．执行前先判断是否不满足条件，若不满足才进入循环

D．执行前先判断是否不满足条件，若满足才进入循环

42．在窗体上画 1 个命令按钮，并编写如下事件过程。运行程序，单击命令按钮，窗体上显示的内容为（　　）。

```
Private Sub Command1_Click()
  For i = 5 To 1 Step -0.8
     Print Int(i);
  Next i
End Sub
```

A．5　4　3　2　1　1　　　　B．5　4　3　2　1

C．4　3　2　1　1　4　　　　D．4　3　2　1　1

43．以下程序段的输出结果是（　　）。

```
x=1
y=4
Do Until y>4
  x=x*y
  y=y+1
Loop
Print x
```

A．1　　　B．4　　　C．8　　　D．20

44．为计算 1+2+2^2+2^3+2^4+…+2^10 的值，并把结果显示在文本框 Text1 中，编写如下事件过程：

```
Private Sub Command1_Click()
  Dim a%, s%, k%
```

```
    s = 1
    a = 2
    For k = 1 To 10
       s = s + a
       a = a * 2
    Next k
    Text1.Text = s
 End Sub
```

执行此事件过程时发现结果是错误的，为能够得到正确结果，应做的修改是（　　）。

A．把 s=1 改为 s=0

B．把 For k=2 to 10 改为 For k=1 to 10

C．交换语句 s=s+a 和 a=a*2 的顺序

D．同时进行 B、C 两种修改

45．在窗体上有一个文本框 Text1，编写如下代码：

```
Private Sub Form_Load()
  Text1.Text="" ""
  For k =1 To 5
       t=t*k
     Next k
    Text1.Text=t
End Sub
```

程序运行后，输出的结果是（　　）。

A．在文本框中显示 0　　　　B．文本框仍然为空

C．在文本框中显示 1　　　　D．出错

46．以下程序在调试时出现了死循环：

```
Private Sub Command1_Click()
    n=InputBox(""请输入一个整数"")
    Do
       If n Mod 2=0 Then
          n=n+1
       Else
          n=n+2
       Else If
    Loop Until n=1000
End Sub
```

下面关于死循环的叙述中正确的是（　　）。

A．只有输入的 n 是偶数时才会出现死循环，否则不会

B．只有输入的 n 是奇数时才会出现死循环，否则不会

C．只有输入的 n 是大于 1000 的整数时才会出现死循环，否则不会

D．输入任何整数都会出现死循环

47．在窗体上画一个命令按钮，名称为 Command1， 然后编写如下代码：

```
Option Base 0
```

```
Private Sub Command1_Click()
  Dim A(4) As Integer, B(4) As Integer
  For k=0 To 2
    A(k+1)=InputBox(""请输入一个整数"")
    B(3-k)=A(k+1)
  Next k
  Print B(k)
End Sub
```

程序运行后，单击命令按钮，在输入对话框中分别输入 2、4、6，输入结果为（　　）。

A．0　　B．2　　C．3　　D．4

48．下述程序的运行结果是（　　）。

```
Private Sub Command1_Click()
  Dim a(-5 To 6)
  For i = LBound(a, 1) To UBound(a, 1)
      a(i) = i
  Next i
  Print a(LBound(a, 1)); a(UBound(a, 1))
End Sub
```

A．0　0　　B．-5　0　　C．-5　6　　D．0　6

49．有如下程序：

```
Option Base 1
Dim a() As Integer
Private Sub Form_Click()
    Dim i As Integer, j As Integer
    ReDim a(3, 2)
    For i = 1 To 3
        For j = 1 To 2
           a(i, j) = i * 2 + j
        Next j
    Next i
    ReDim Preserve a(3, 4)
    For j = 3 To 4
        a(3, j) = j + 9
    Next j
    Print a(3, 2);a(3, 4)
End Sub
```

程序运行后，单击窗体， 则输出的结果是（　　）。

A．0　13　　B．8　13　　C．7　12　　D．0　0

6.2　填空题

1．有如下程序：

```
Private Sub Form_Click ()
 For I = 1  To 10  Step 2
        Print I
```

```
Next I
End Sub
```

程序运行后，单击窗体，For 循环循环的次数是________。

2．执行下列程序，则程序执行结果 s 的值是________。

```
Private Sub Commandl_Click()
  i = 0
  Do
    i = i + 1
    s = i + s
  Loop Until i > = 4
  Print s
End Sub
```

3．在窗体上画一个名为 Command1 的命令按钮，一个名称为 List1 的列表框，然后编写如下事件过程。程序的功能是在窗体上输出列表框 List1 中数据项的最大值与最小值。

请在下划线处填入适当的内容，将程序补充完整。

```
Private Sub Form_Load()
  List1.AddItem ""1""
  List1.AddItem ""2""
  List1.AddItem ""3""
  List1.AddItem ""4""
  List1.AddItem ""5""
End Sub
Private Sub Command1_Click()
List1.ListIndex = 0
      Max = Val(List1.Text)
      Min = Val(List1.Text)
      For i = 1 To List1.ListCount - 1
      ________
If Val(List1.Text) > Max Then Max = Val(List1.Text)
If Val(List1.Text) < Min Then ________
Next i
    Print Max; Min
End Sub
```

4．阅读以下程序：

```
Private Sub Form_Click()
  Dim k, n, m As Integer
  n = 10:  m =1:  k =1
  Do While k < = n
     m = m + 2
     k = k + 1
  Loop
  Print m
End Sub
```

单击窗体，程序的执行结果是________。

5．以下程序的功能是：生成 20 个[200,300]之间的随机整数，输出其中能被 5 整除的数并求出它们的和，请在下划线处填空。

```
Private Sub Command1_C1ick()
  For i=1 To 20
    X=Int(rnd_*101+200)
    If________ =0 Then
     Print x
     S=S+ ________
    End If
  Next i
  Print ""Sum="":S
End Sub
```

6．有如下程序：

```
Private Sub Command1_Click()
  x=0
  n=InputBox("""")
  For i= 1 To n
    For j = 1 To I
      x = x +1
    Next j
  Next I
  Print x
End Sub
```

程序运行后，单击命令按钮，如果输入 3，则在窗体上显示的内容是________。

7．在窗体上画一个名为 Command1 的命令按钮，编写如下事件过程。

```
Private Sub Command1_C1ick()
  Dim As String
  a= ________
  For i=1 To 5
    Print Mid$(a, 6-i, 2*i-1)
  Next i
End Sub
```

程序运行后，单击命令按钮，窗体上显示的输出结果为______。

```
5
456
34567
2345678
123456789
```

8．下面是一个歌手大赛评分程序。10 位评委，除去一个最高分和一个最低分，计算平均分（设满分为 10 分）。请在下划线处填入适当的内容，将程序补充完整。

```
Private Sub Form_Click()
  Max= 0: Min= 10
  For i = 1 To 10
    x=Val(InputBox(""请输入分数""))
```

```
        If    x>Max   Then Max=x
        If ________   Then   Min=x
        s =s + x
    Next i
    s =________
    p = s/8
    Print ""最高分"";Max, ""最低分"";Min
    Print ""最后得分"";p
    End Sub
```

9．在窗体上画一个命令按钮和一个标签，其名称分别 Command1 和 Label1，然后编写如下事件过程：

```
Private Sub Command1_Click()
  Counter = 0
  For i = 1 To 4
    For j = 6 To 1 Step -2
      Counter = Counter + 1
    Next j
  Next i
  Label1.Caption = Str(Counter)
End Sub
```

程序运行后，单击命令按钮，标签中显示的内容是________。

10．若 A 的平方+B 的平方=C 的平方，则 A、B、C 称为一组勾股数。下面程序的功能是找出 100 以内的所有勾股数（整数），并按 A、B、C 顺序输出。请在空白线中填入适当内容。

```
Private Sub Command1_Click()
  For a=2 To 99
        For b=a+1 To 100
              c =________
              If ________And c<=100 Then
                    Print a, b, c
              End If
        Next b
  Next a   :End Sub
```

11．下述程序的运行结果是________。

```
Private Sub Command1_Click()
  For j = 1 To 20
    If j Mod 5 <> 0 Then a = a + j
  Next j
  Print a
End Sub
```

12．下述程序的运行结果是________。

```
Private Sub Form_Click()
   s = 5
   For i = 2.6 To 4.9 Step 0.6
     s = s + 1
   Next i
```

```
    Print s
End Sub
```

13．有如下程序：

```
Private Sub Form_Click()
  n=10
  i=0
  Do
    i=i+n
    n=n-2
  Loop While n>2
  Print i
End Sub
```

程序运行后，单击窗体，输出结果为________。

14．设有以下的循环：

```
X=1
Do
  x=x+2
  Print x
Loop Until x>6
```

要求程序运行时执行________次循环体。

15．下面程序的运行结果是________。

```
Private Sub Command1_Click()
  Dim x$, n%
  n = 20
  x = """"
  Do While n <> 0
    a = n Mod 2
    n = n \ 2
    x = Chr(48 + a) & x
  Loop
  Print x
End Sub
```

16．下面程序的运行结果是________。

```
Private Sub Command1_Click()
  Dim x%, y%, z%
  x = 242: y = 44
  z = x * y
  Do While x = y
    If x > y Then x = x - y Else y = y - x
  Loop
  Print z / x
End Sub
```

17．下述程序的运行结果是________。

```
Private Sub Command1_Click()
  k = 0
```

```
    While k < 70
      k = k + 2
      k = k * k + k
      a = a + k
    Wend
    Text1.Text = a
  End Sub
```

18．设有整型变量 s，取值范围为 0～100，表示学生的成绩。有如下程序段：

```
If s > 90 Then
  Level = ""A""
  ElseIf s >= 75 Then
    Level = ""B""
  ElseIf s >= 60 Then
   Level = "C"
  Else
   Level = "D"
End If
```

下面用 Select case 结构改写上述程序，使两段程序所实现的功能完全相同，请完善该程序。

```
Private Sub Form_Load()
    Select Case s
      Case ________ >= 90
        Level = ""A""
      Case 75 To 89
        Level = ""B""
      Case 60 To 74
        Level = ""C""
      Case Else
        Level = ""D""

    ________
```

19．下面的程序执行时，可以从键盘输入一个正整数，然后把该数的每位数字按逆序输出。例如：输入 7685，则输出 5867，输入 1000，则输出 0001，请完善该程序。

```
Private Sub Command1_Click()
  Dim x As Integer
  x=InputBox(""请输入一个正整数"")
  While x>________
    Print x Mod 10;
    x=x\10
  Wend
  Print x
End Sub
```

20．在窗体上画一个名称为 Combo1 的组合框，然后画两个名称分别为 Label1、Label2，标题分别为“城市名称”和“空白”的标签。程序运行后，在组合框中输入一个新项目并按 Enter 键，如果输入的项目在组合框的列表中不存在，则自动将其添加到组合框的列表中，并在 Label2 中给出提示“已成功添加新输入项”，如果输入的项目已存在，则在 Label2 中给出提示“输入项已在组合框中”，请完善该程序。

```
Private Sub Combo1_KeyPress(KeyASCII As Integer)
   If KeyASCII=13 Then
     For i=0 To Combo1.ListCount-1
       If Combo1.Text=________ Then
           Label2.Caption="" 输入项已在组合框中 ""
         Exit Sub
       End If
     Next i
   Label2.Caption="" 已成功添加新输入项 ""
   Combo1.additem   Combo1.Text
 End If
End Sub
```

21．以下是一个比赛评分程序，在窗体上建立一个名为Text1的文本框数组，数组元素为text1(0)～text1(6)，然后画一个名为Text2的文本框和名为Command1的命令按钮，运行时在文本框数组中输入7个分数，单击“计算得分”命令按钮，则最后得分显示在Text2文本框中。（去掉一个最高分和一个最低分后的平均分即为最后得分），请完善该程序。

```
Private Sub Command1_Click( )
  Dim k As Integer
  Dim sum As Single, max As Single, min As Single
  sum = Text1(0)
  max = Text1(0)
  min =Text1(0)
  For k = 1   To 6
   If max < Text1(k) Then
     max = Text1(k)
   End If
     If min > Text1(k) Then
     min = Text1(k)
   End If
   sum = sum + Text1(k)
  Next k
 Text2 = ( ________ ) / 5
End Sub
```

第七章　数组

7.1　选择题

1．有如下事件过程：

```
Private Sub Command1_Click()
   Dim A(1 To 4)
   For I = 1 To 4
```

```
        A(I) = I
    Next I
    X=1
    For Each X In A()
        Print  2 * X;
    Next X
End Sub
```

运行程序后，单击命令按钮，则执行的结果为（ ）。

A．1 2 3 4　　B．2 4 6 8

C．0 0 0 0　　D．2 2 2 2

2．有如下事件过程：

```
Private Sub Command1_Click()
    Dim a(3,4)
    For i=1 To 3
        For j=1 To 4
            a (i,j)=(i-1)*2+j
            Print a(i,j);
        Next j
        Print
    Next i
End Sub
```

运行程序后，单击命令按钮，则执行的结果为（ ）。

A．1 2 3 4
3 4 5 6
5 6 7 8

B．8 7 6 5
6 5 4 3
4 3 2 1

C．5 6 7 8
3 4 5 6
1 2 3 4

D．4 3 2 1
6 5 4 3
8 7 6 5"

3．下述程序的运行结果是（ ）。

```
Private Sub Command1_Click()
    Dim M(2)
    For i = 1 To 2
        M(i) = 0
    Next i
    K = 2
    For i = 1 To K
     For j = 1 To K
      M(j) = M(i) + 1
      Print M(K);
     Next j
    Next i
End Sub
```

A．1 2 2 3　B．1 2 3 4　C．0 2 2 3　D．0 1 2 3

4．有如下程序：

```
Option Base 1
Private Sub Command1_Click()
  Dim x, y(3, 3)
  x = Array(1, 2, 3, 4, 5, 6, 7, 8, 9)
  For i = 1 To 3
     For j = 1 To 3
       y(i, j) = x(i*j)
       If(j > = i) Then   Print y(i, j);
     Next j
       Print
  Next i
  End Sub
```

程序运行时，单击命令按钮，输出的结果是（　　）。

A．1 2 3
2 4 6
4 6 8

B．1 2 3
2 4 6
3 6 9

C．1
2 4
3 6 9

D．1 2 3
4 6
9

5．下列程序段的执行结果是（　　）。

```
Dim a(3, 3)
For m=1 To 3
  For n=1 to 3
   If n=m Or n=3-m+1 Then a(m, n)=1 Else a(m, n)=0
  Next n
Next m
For m=1 To 3
    For n=1 To 3
        Print a(m, n);
  Next n
  Print
Next m
```

A．1　0　0
0　1　0
0　0　1

B．1　1　1
1　1　1
1　1　1
1　1　1

C．0　0　0
0　0　0
0　0　0
0　0　0

D．1　0　1
0　1　0
1　0　1

6．有如下程序：

```
Option Base 1
Const up1=10
Private Sub Form_ Click()
   Dim a(up1) As Integer
   k=-1
   For j=1 To up1
     a(j)=j*k
     k=-1*k
```

```
    Next j
    For j=1 To 10
        Print a(j);
    Next j
End Sub
```

程序运行后，单击命令按钮，则输出的结果是（　　）。

A．1　3　5　9　10

B．-1　-3　-5　-7　-9

C．-1　2　-3　4　-5　6　-7　8　-9　10

D．1　-2　3　-4　5　-6　7　-8　9　-10

7．在窗体上画一个名称为 Text1 的文本框和一个名称为 Command1 的命令按钮，然后编写如下事件过程：

```
Private Sub Command1_Click()
Dim array1(10, 10) As Integer
Dim i, j As Integer
For i=1 To 3
    For j=2 To 4
        array1(i, j)=i+j
    Next j
Next i
Text1.Text=array1(2, 3)+array1(3, 4)
End Sub
```

程序运行后，单击命令按钮，在文本框中显示的值是（　　）。

A．12　　B．13　　C．14　　D．15

8．有如下程序：

```
Option Base 1
Private Sub Form_Click()
  Dim arr, Sum
  Sum = 0
  arr = Array(1, 3, 5, 7, 9, 11, 13, 15, 17, 19)
  For i = 1 To 10
    If arr(i) / 5 = arr(i) \ 5 Then
      Sum = Sum + arr(i)
    End If
  Next i
  Print Sum
End Sub
```

程序运行后，单击窗体，输出的结果为（　　）。

A．18　　B．19　　C．20　　D．21

9．设有命令按钮 Command1 的单击事件过程，代码如下：

```
Private Sub Command1_Click()
  Dim a(3, 3)As Integer
  For i=1 To 3
  For j=1 To 3
```

```
      a(i, j)=i*j+i
    Next j
    Next i
    Sum=0
    For i=1 To 3
      Sum=Sum+a(i, 4-i)
    Next i
    Print Sum
  End Sub
```

运行程序，单击命令按钮，输出的结果是（　　）。

A．20　　B．7　　C．16　　D．17

10．下列程序段的执行结果是（　　）。

```
Dim m(5, 6), s(5)
  For i=1 To 5
    s (i)=0
    For j=1 To 5
      m(i, j)= i*j
    Next j
  Next i
  For Each x In s
    Print x;
Next x
```

A．20　25　30　35　40

B．40　35　30　25　20

C．20　30　10　25　35

D．0　0　0　0　0

11．下面程序执行时在窗体上显示的是（　　）。

```
Private Sub Command1_Click()
  Dim a(10)
  For k = 1 To 10
    a(k) = 11 - k
    Next k
    Print a(a(3)\a(7) Mod a(5))
End Sub
```

A．3　　B．5　　C．7　　D．9

12．下列程序段的执行结果为（　　）。

```
Dim M(10), N(10)
I = 3
For   t =1   to 5
  M(t) = t
  N(I) = 2 * I + t
Next t
Print   n(I) ;   m (I)
```

A．3　11　　B．3　15　　C．11　3　　D．15　3

13．下述程序的运行结果是（　　）。

```
Option Base 1
Private Sub Command1_Click()
    Dim a(10), P(3) As Integer
    K = 5
    For i = 1 To 10
      a(i) = i
    Next i
    For i = 1 To 3
     P(i) = a(i * i)
    Next i
    For i = 1 To 3
     K = K + P(i) * 2
    Next i
    Print K
End Sub
```

A．33　　B．28　　C．35　　D．37

14．有如下程序：

```
Private Sub Command1_Click()
 Dim a
 a = Array(1, 2, 3, 4, 5)
 For I = LBound(a) To UBound(a)
     a(I) = I * a(I)
 Next I
 Print I, LBound(a), UBound(a), a(I)
End Sub
```

程序运行后，单击命令按钮，输出的结果是（　　）。

A．4　0　4　25　　B．5　0　4　25

C．不确定　　D．程序出错

15．下述程序的运行结果是（　　）。

```
Option Base 0
Private Sub Form_Click()
   Dim a
   Dim i As Integer
   a = Array(1, 2, 3, 4, 5, 6, 7, 8, 9)
   For i = 0 To 3
     Print a(5 - i);
   Next
End Sub
```

A．4　3　2　1　　B．5　4　3　2

C．6　5　4　3　　D．7　6　5　4

16．下述程序的运行结果是（　　）。

```
Option Base 1
Private Sub Command1_Click()
```

```
  Dim a
  a = Array(1, 2, 3, 4)
  j = 1
  For i = 4 To 1 Step -1
   S = S + a(i) * j
   j = j * 10
  Next i
  Print S
End Sub
```

A．4321　　B．12　　C．34　　D．1234

17．有如下事件过程：

```
Private Sub Command1_Click()
  Dim a(4) As Integer, b(4) As Integer
  For k=0 To 2
    a(k+1)=Val(InputBox(""请输入数据:""))
    b(3-k)=a(k+1)
  Next k
  Print b(k)
End Sub
```

运行程序后，依次输入1、3、5，则执行的结果为（　　）。

A．5　　B．3　　C．1　　D．0

18．在窗体上画一个命令按钮，其名称为Command1，然后编写如下事件过程：

```
Private Sub Command1_Click()
 Dim a1(4, 4), a2(4, 4)
 For i = 1 To 4
   For j = 1 To 4
     a1(i, j) = i + j
     a2(i, j) = a1(i, j) + i + j
   Next j
 Next i
 Print a1(2, 3); a2(2, 3)
End Sub
```

程序运行后，单击命令按钮，在窗体上输出的是（　　）。

A．6　6　　B．10　5　　C．5　10　　D．7　21

19．以下数组定义语句中，错误的是（　　）。

A．Static a(10) As Integer　　B．Dim c(3,1 To 4)

C．Dim d(-10)　　D．Dim b(0 To 5,1To 3) As Integer

20．编写如下事件过程：

```
Private Sub Command1_Click()
  Dim score(1 To 3) As Integer
  Dim i As Integer, t As Variant
  For i = 3 To 1 Step -1
    score(i) = 2 * i
```

```
    Next i
    For Each t In score
    Print t;
  Next
  End Sub
```

程序运行后，单击命令按钮，窗体上显示的值是（　　）。

A．6　4　　B．2　2　　C．4　6　　D．2　6

21．Dim a(2,4)所定义的数组元素个数是（　　）。

A．8　　B．15　　C．6　　D．10

22．在窗体上画一个命令按钮，然后编写如下事件过程：

```
Option Base 1
Private Sub Command1_Click()
   Dim a
   a=Array (1, 3, 5, 7, 9)
   j = 1
     For i = 5 to 1 Step -1
     s= s +a(i) * j
     j= j * 10
  Next i
  Print s
 End Sub
```

运行上面的程序，单击命令按钮，其输出结果是（　　）。

A．97531　　B．135　　C．957　　D．13579

23．1 个二维数组可以存放 1 个矩形，在程序开始有语句 Option Base 0，则下面定义的数组中正好可以存放 1 个 4×3 矩阵（即只有 12 个元素）的是（　　）。

A．Dim a(-2 To 0,2) As Integer

B．Dim a(3,2) As Integer

C．Dim a(4,3) As Integer

D．Dim a(-1 To -4,-1 To -3) As Integer

24．要存放如下方阵的数据，在不浪费存储空间的基础上，能实现声明的语句是（　　）。

```
1  2  3
2  4  6
3  6  9
```

A．Dim A(9) As Integer　　B．Dim A(3,3) As Integer

C．Dim A(-1 to 1,-3 to -1) As Single　　D．Dim A(-3 to -1,1 to 3) As Integer

25．下面的数组声明语句中，正确的是（　　）。

A．Dim a[1,2] As Integer

B．Dim a(1,2) As Integer

C．Dim a[1] [2]　As Integer

D．Dim a(1　to　0,2　to　0) As Integer

26．以 Dim x(6, 2 to 5)来声明一个二维数组，错误的选项是（　　）。

A．Lbound(x, 2)的返回值是 1　　B．Ubound(x, 2)的返回值是 5

C．Ubound(x, 1)的返回值是 6　　D．Lbound(x, 1)的返回值是 0

27．下列数组声明正确的是（　　）。

A．
```
n=5
Dim  a(1 to n)  As  Integer
```
B．
```
Dim a(10) As Integer
ReDim a(1 to 12)
```
C．
```
Dim a() As Single
ReDim a(3,4) As Integer
```
D．
```
Dim a() As Integer
n=5
ReDim a(1 to n)  As Integer
```

28．在窗体上画三个单选按钮，组成一个名为 chkOption 的控件数组，用于标识各个控件数组元素的参数是（　　）。

A．Tag　　B．Index　　C．ListIndex　　D．Name

29．有如下程序：

```
Private Sub Form_Click()
  cls
  Static x(4) As Integer
  For i = 1 To 4
    x(i) = x(i) + i * 3
  Next i
  Print
  For i = 1 To 4
    Print ""x(""; i; "") =""; x(i)
  Next i
End Sub
```

程序运行后，单击窗体三次，其最终结果是（　　）。

A．x(1)=3　x(2)=6　x(3)=9　x(4)=12

B．x(1)=9　x(2)=18　x(3)=27　x(4)=36

C．x(1)=6　x(2)=12　x(3)=18　x(4)=24

D．x(1)=12　x(2)=24　x(3)=36　x(4)=48

30．有如下程序：

```
Private x(4) As Integer
Private Sub Form_Click()
  cls
  For i = 1 To 4
    x(i) = x(i) + i * 3
  Next i
  Print
  For i = 1 To 4
    Print ""x(""; i; "") =""; x(i)
  Next i
End Sub
```

程序运行后，单击窗体两次，其最终结果是（　　）。

A．x(1)=3　x(2)=6　x(3)=9　x(4)=12

B．x(1)=9　x(2)=18　x(3)=27　x(4)=36

C．x(1)=6　x(2)=12　x(3)=18　x(4)=24

D．x(1)=12　x(2)=24　x(3)=36　x(4)=48

31．在窗体上画一个命令按钮，名称为 Command1，然后编写如下事件过程：

```
Option Base 0
Private Sub Command1_Click()
  Dim city As Variant
  city = Array(""北京"",""上海"",""天津"",""重庆"")
  Print city(1)
End Sub
```

程序运行后，如果单击命令按钮，则在窗体上显示的内容是（　　）。

A．空白　B．错误提示　C．北京　D．上海

32．以下说法不正确的是（　　）。

A．使用 ReDim 语句可以改变数组的维数

B．使用 ReDim 语句可以改变数组的类型

C．使用 ReDim 语句可以改变数组的每一维的大小

D．使用 ReDim 语句可以对数组中的所有元素重新进行初始化

7.2　填空题

1．在 VB 中，若要设定每个数组默认的下界固定为 1，其声明语句为________。

2．程序中自动测试数组的下界用________函数来实现，上界用________函数来实现。

3．在运行时，________语句可以为控件数组增加几个控件元素；________语句删除一个已存在的控件元素。

4．当数组首次被声明时，对所有数值型数组默认初值是________；字符串数组默认初值是________。

5．当用 ReDim 语句改变动态数组的大小时，数组元素的值会________；用________关键字可保留数组元素原来的值。

6．已知建立了 5 个元素的 Command1 控件数组，用________参数可识别用户单击了某控件数组元素。

7．以下程序代码是将整型动态数组 x 声明为具有 20 个元素的数组，并给数组的所有元素赋值 1，请在下划线处填空。

```
Dim x() As Integer
Private Sub Command1_Click()
________
For i = 1 To 20
  x(i) = 1
  Print x(i)
```

```
Next i
```

8．以下程序是判断一个整数（>=3）是否为素数，请在下划线处填空。

```
Private Sub Command1_Click()
  Dim n As Integer
  n = InputBox(""请输入一个整数(>=3)"")
  k = Int(Sqr(n))
  i = 2
  Flag = False
  While i <= k And Flag = False
     If   n Mod i = 0 Then
            ________
     Else
            ________
       End If
   Wend
   If   Flag = False Then
         Print n ; ""是一个素数""
   Else
         Print n ; ""不是一个素数""
   End If
End Sub
```

9．以下程序判断从文本框 Text1 中输入的数据，如果该数据满足条件“除以 3 余 2，除以 5 余 3”，则输出；否则，将焦点定位在文本框 Text1 中，选中其中的内容，请完善该程序。

```
Private Sub Command1_Click()
  x =Val(Text1.Text)
  If________Then
    Print x
  Else
    Text1.SetFocus
    Text1.SelStart=0
    Text1.SelLength=len(Text1.Text)
  End If
End Sub
```

10．设数组 a 包括 10 个整型元素，下面程序的功能是求出 a 中各相邻两个元素的和，并将这些和存在数组 b 中，按每行 3 个元素的形式输出 b 数组中的内容，请将程序补充完整。

```
Private Sub Command1_Click()
  Dim a(9), b(9)
  For i=0 To 9
   a (i)=i
  Next i
  For i=1 To 9
   b (i)=________
  Next i
  For I=1 To 9
    Print b(i);
```

```
    If i Mod ________=0 Then Print
  Next i
End Sub
```

11．下面程序的功能是找出给定的 10 个数中最大的一个数，最后输出这个数以及它在原来 10 个数中的位置，请在下划线处填入适当内容，将程序补充完整。

```
Option Base 1
Private Sub Command1_Click()
  Dim a
  a=Array(23, -5, 17, 38, -31, 46, 11, 8, 5, -4)
  Max=1:k =1
  10   k =k+1
  If a(k)>a(Max) Then
   ________
  End If
  If k<10 Then GoTo 10
   ________
  Print Max, am
End Sub
```

12．下面程序的功能是“输出 100 以内能被 3 整除且个位数为 4 的所有整数”，请在下划线处填入正确内容。

```
Private Sub Command1_Click()
  For   i = 0 To ________
     j =   i * 10 + 4
     If ________ Then
        Print j
     End If
  Next i
End Sub
```

13．下面是用冒泡法将任意 n 个数按降序方式排序的程序，请在下划线处填空，使程序完整。

```
Option Base 1
Private Sub Command1_Click()
     Dim a()
     n = Val(InputBox(""请输入要排序的数的个数""))
     redim a(n)
     For m = 1 To n
        a(m) = Val(InputBox(""Enter:""))
     Next m
     For k = 1 To n
        For i = 1 To  ________
          If a(i) <  ________ Then
            t = a(i): a(i) = a(i + 1): a(i + 1) = t
        End If
      Next i
    Next k
```

```
    For m = 1 To n
      Print a(m)
    Next m
End Sub
```

14．下面是用选择法将任意 n 个数降序排序的程序，请在下划线处填上内容，使程序正确完整。

```
Option Base 1
Private Sub Command1_Click()
  Dim a()
  n = Val(InputBox(""请输入要排序的数的个数""))
  ReDim a(n)
  For m = 1 To n
    a(m) = Val(InputBox(""Enter:""))
  Next m
  For j = 1 To n - 1
      ________
      For i = j + 1 To n
        If a(k)< a(i) Then  ________
      Next i
      If  k <> j  Then
        t = a(j)· a(j) = a(k): a(k) – t
      End If
  Next j
  For m = 1 To n
    Print a(m)
  Next m
End Sub
```

15．有如下程序：

```
Private Sub Form_ Click()
  Dim arr(5) As String
  For i=1 To 5
   arr(i)=Chr(Asc(""A"")+(i-1))
  Next i
  For  Each  b  In  arr
    Print  b ;
  Next b
End Sub
```

程序运行后，单击窗体，则输出的值是________。

16．下面程序的功能是建立并输出除主对角线上的元素为 0 外，其余元素都为 1 的方阵，在下划线处填入适当内容，将程序补充完整。

```
Option Base 1
Private Sub Command1_Click()
    Dim a(10, 10)
    For i = 1 To 10
        For j =________
```

```
            If________ Then
              a(i, j) = 0
            Else
              a(i, j) = 1
            End If
          Next j
        Next i
        For i = 1 To 10
          For j = 1 To 10
            Print a(i, j);
          Next j
          Print
        Next i
    End Sub
```

17. 在窗体上画一个名称为Command1、标题为“计算”的命令按钮；画两个文本框，名称分别为Text1和Text2；然后画4个标签，名称分别为Label1、Label2、Label3和Label4，标题分别为“操作数1”“操作数2”、“运算结果”和空白；再建立一个含有4个单选按纽的控件数组，名称为Option1，标题分别为“+”“-”“*”和“/”，程序运行后，在Text1、Text2中输入两个数值，选中一个单选按钮后单击命令按钮，相应的计算结果显示在Label4中。请在下划线处填入适当的内容，将程序补充完整。

```
    Private Sub Command1_Click()
      For i=0 To 3
        If________ =True then
              Opt=Option1(i).Caption
        End If
      Next
      Select Case ________
          Case ""+""
          Result=Val(Text1.Text)+Val(Text2.Text)
        Case ""-""
          Result=Val(Text1.Text)-Val(Text2.Text)
        Case ""*""
          Result=Val(Text.Text)*Val(Text2.Text)
        Case ""/""
          Result=Val(Text1.Text)/Val(Text2.Text)
        End Select
      Label4.Caption=Result
    End Sub
```

18. 下述程序的运行结果是________。

```
    Private Sub Form_Click()
      Dim a(10, 10)
      For i = 2 To 4
        For j = 4 To 5
          a(i, j) = i * j
        Next j
```

```
    Next i
    Print a(2, 5) + a(3, 4) + a(4, 5)
  End Sub
```

19．下述程序的运行结果是________。

```
Private Sub Command1_Click()
    Dim a
    ReDim a(6)
    For j = 1 To 5
      a(j) = j * j
    Next j
    Print a(a(2) * a(3) - a(4) * 2) + a(5)
End Sub
```

20．下列程序是将数组 a 的 10 个元素倒序交换，即第一个变为最后一个，第二个变为倒数第二个，请完善该程序。

```
Private Sub BACKWARD(a())
    Dim i As Integer, tmp As Integer
    For i = 1 To ________
     tmp = a(i)
     a(i) = ________
     a(10 - i + 1) = tmp
    Next
End Sub
```

21．下面的程序用比较法将数组 a 中的 10 个数按升序排列，请完善该程序。

```
Private Sub Command1_Click()
    FontSize = 13
    Dim a
    Dim temp As Intege77
    a = Array(678, 45, 324, 528, 439, 387, 87, 875, 273, 823)
For i = 0 To ________
     For j = i + 1 To 9
      If a(i) > ________ Then
         temp = a(i): a(i) = a(j): a(j) = temp
      End If
     Next j
Next i
  For i = 1 To 9
       Print a(i);
  Next i
End Sub
```

22．在窗体上画一个命令按钮，其名称为 Command1，然后编写如下事件过程：

```
Private Sub Command1_Click()
  Dim arr(1 To 100)As Integer
  For i=1 To 100
    arr(i)=________(RND*1000 )
  Next i
```

```
      Max=arr(1) : Min=arr(10)
      For i=1 To 100
        If Max<arr(i)   Then
          Max=arr(i)
      End If
      If   Min>arr(i)       Then
          Min=arr(i)
        End If
      Next i
      Print""Max="";Max, ""Min="";Min
    End Sub
```

程序运行后，单击命令按钮，将产生 100 个 1000 以内的随机整数，放入数组 arr 中，然后查找并输出这 100 个数中的最大值 Max 和最小值 Min，请完善该程序。

23. 以下程序的功能是：将一维组 A 中的 100 个元素分别赋给二维数组 B 的每个元素并打印出来，要求把 A(1)到 A(10)依次赋给 B(1,1)到 B(1,10)，把 A(11)到 A(20)依次赋给 B(2,1)到 B(2,10)，……，把 A(91)到 A(100)依次赋给 B(10,1)到 B(10,10)。请完善该程序。

```
Option Base 1
Private Sub Form_Click()
    Dim i As Integer, j As Integer
    Dim A(1 To 100) As Integer
    Dim B(1 To 10, 1 To 10) As Integer
    For i=1 To 100
      A(i)=Int(Rnd * 100)
    Next i
    For i=1 To    10
      For j=1 To 10
        B(i, j)= ________
        Print B(i, j);
      Next j
          Print
      Next i
End Sub
```

第八章　过程

8.1　选择题

1. 在窗体上画一个名称为 Command1 的命令按钮和一个名称为 Text1 的文本框，然后编写如下程序：

```
Private Sub Command1_Click()
  Dim x, y, z As Integer
  x=5: y=7:z=0
  Text1.text= "" ""
```

```
    Call P1(x, y, z)
    Text1.Text=Str(z)
  End Sub
  Sub P1(ByVal a As Integer, ByVal b As Integer, c As Integer)
    c=a+b
  End Sub
```

程序运行后，如果单击命令按钮，则在文本框中显示的内容是（　　）。

A．0　　B．12　　C．Str(z)　　D．没有显示

2．有如下程序：

```
Private Sub ss(ByVal x , ByRef y , z)
    x =x+1: y =y+1: z =z+1
End Sub
Private Sub Form_ Click()
     a=1:b=2:c=3
     Call ss(a, b, c)
     Print a ; b ; c
End Sub
```

运行后，单击命令按钮，则输出的结果是（　　）。

A．1　2　3　B．1　3　4　C．2　2　4　D．1　3　3

3．下述程序的运行结果是（　　）。

```
Private Sub Command1_Click()
   Dim x As Integer
   Static y As Integer
   x = 10
   y = 5
   Call F1(x, y)
   Print x, y
End Sub
Private Sub F1(ByRef X1 As Integer, Y1 As Integer)
   X1 = X1 + 2
   Y1 = Y1 + 2
End Sub
```

A．10　5　　B．12　5　　C．10　7　　D．12　7

4．在窗体上画一个命令按钮，其名称为 Command1，然后编写如下程序：

```
Private Sub Command1_Click()
   Dim a(10)As Integer
   Dim x As Integer
   For i=1 To 10
     a(i)=8+i
   Next
   x=2
   Print a(f(x)+x)
End Sub
Function f(x As Integer)
```

```
    x=x+3
    f=x
End Function
```

程序运行后，单击命令按钮，输出的结果为（　）。

A．12　　B．15　　C．17　　D．18

5．阅读程序：

```
Function total(a As Integer, b As Integer) As Integer
    For j=1 To b
            s =s+a(j)
    Next j
    total=s
End Function
Private Sub Form_Click()
    Dim a As Integer, b As Integer
    Dim c As Integer
    b =5
    a =Array(1, 2, 3, 4, 5)
    c =total(a, b)
    Print c
End Sub
```

程序运行后，单击命令按钮，则输出的结果是（　）。

A．15　　B．10　　C．14　　D．出错（类型不匹配）

6．在窗体上画一个名称为 Command1 的命令按钮，然后编写如下程序：

```
Private Sub Command1_Click()
  Static X As Integer
  Static Y As Integer
  Cls
  Y=1:Y=Y+5:X=5+X
  Print X, Y
End Sub
```

程序运行时，单击命令按钮 Command1 三次后，窗体上显示的结果为（　）。

A．15 16　　B．15　6　　C．15 15　　D．5　6

7．阅读程序：

```
Sub inc(a As Integer)
  Static x As Integer
  x = x + a
  Print x;
End Sub
Private Sub Form_Click()
  inc 2
  inc 3
  inc 4
End Sub
```

程序运行后，单击命令按钮，则输出的结果是（　）。

A．2　5　9　　B．11　14　18　　C．3　6　10　　D．4　7　11

8．阅读程序：

```
Sub subP(b() As Integer)
  For i = 1 To 4
        b(i) = 2 * i
  Next i
End Sub
Private Sub Command1_Click()
    Dim a(1 To 4) As Integer
    a(1) = 5:   a(2) = 6
    a(3) = 7:   a(4) = 8
End Sub
subP a()
    For i = 1 To 4
        Print a(i);
    Next i
End Sub
```

运行上面的程序，单击命令按钮，输出的结果为（　　）。

A．2 4 6 8　　　B．5 6 7 8　　　C．10 12 14 16　　　D．出错

9．有如下程序：

```
Private Sub Form  Click()
   s=p(1)+p(2)+p(3)+p(4)
   Print s;
End Sub
Public Function p(n As Integer)
   Static sum
   For I=1 To n
      sum=sum+I
   Next I
   p =sum
End Function
```

程序运行后，单击命令按钮，则输出的结果是（　　）。

A．20　　　B．35　　　C．115　　　D．135

10．假定有如下两个过程：

```
Private Sub PPP(a As Single, b As Single)
  a = a + b
  Print a, b
  b = a + b
  Print a, b
End Sub
Private Sub Form_Activate()
  Dim y As Single
  x = 18: y = 10
  Call PPP((x), y)
  Print x, y
End Sub
```

运行程序后，单击命令按钮，则输出结果是（　　）。

A．28　10
28　38
18　38　　B．28　10
28　38
18　10　　C．28　10
28　38
28　10　　D．28　10
28　38
28　38

11．在窗体上画 3 个标签、3 个文本框（名称分别为 Text1、Text2 和 Text3）和 1 个命令按钮（名称为 Command1），编写如下程序：

```
Private Sub Form_Load()
  Text1.Text="""" :Text2.Text="""" :   Text3.Text=""""
End Sub
Private Sub Command1_Click()
  x=Val(Text1.Text):y=Val(Text2.Text):Text3.Text=f(x, y)
End Sub
Function f(ByVal x As Integer, ByVal y As Integer)
  Do While y<>0
    tmp=x Mod y
      x=y
      y=tmp
  Loop
  f=x
End Function
```

运行程序，在 Text1 文本框中输入 36，在 Text2 文本框中输入 24，然后单击命令按钮，则在 Text3 文本框中显示的内容是（　　）。

A．4　　B．6　　C．8　　D．12

12．阅读程序：

```
Function F( a As Integer)
  b = 0
  Static c
  b= b + 1
  c= c + 2
  F= a + b + c
 End Functon
 Private Sub Command1_Click()
    Dim a As Integer
    a = 2
    For i = 1 to 3
        Print  F(a);
    Next i
 End Sub
```

运行上面的程序，单击命令按钮，输出的结果为（　　）。

A．4　5　6　　B．5　7　9　　C．4　6　8　　D．4　7　9

13．假定有如下的 Sub 过程：

```
Sub S(x As Single, y As Single)
   t = x
```

```
        x=t / y
        y=t Mod y
    End Sub
```

在窗体上画一个命令按钮，然后编写如下事件过程：

```
    Private Sub Command1_Click()
        Dim a As Single
        Dim b As Single
        a=5:   b=2
        S a, b
        Print a, b
    End Sub
```

程序运行后，单击命令按钮，输出的结果是（　　）。

A．5　　2　　　　B．1　　1

C．1.25　　4　　　　D．2.5　　1

14．编写如下事件过程和函数过程：

```
    Private Function p2(ByVal n As Integer, number() As Single) As Integer
      p2 = number(1)
      For j = 2 To n
        If number(j) < p2 Then p2 = number(j)
      Next
    End Function
    Private Sub Form_Click()
        Dim num(1 To 6) As Single
        num(1) = 103: num(2) = 190: num(3) = 0
        num(4) = 32: num(5) = -56: num(6) = 100
        Print p2(6, num())
    End Sub
```

程序运行后窗体上显示的值是（　　）。

A．-56　　　B．0　　　C．103　　　D．190

15．在窗体上画一个名称为 Command1 的命令按钮，再画两个名称分别为 Label1、Label2 的标签，然后编写如下程序代码：

```
    Private x As Integer
    Private Sub Command1_Click()
      X=5:Y=3
      Call proc(x, Y)
      Label1.Caption=X
      Label2.Caption=Y
    End Sub
    Private Sub proc(ByVal a As Integer, ByVal b As Integer)
      X=a* a
      Y=b+b
    End Sub
```

程序运行后，单击命令按钮，则两个标签中显示的内容分别是（　　）。

A．5 和 3　　　B．25 和 3　　　C．25 和 6　　　D．5 和 6

16．编写如下事件过程：

```
Private Sub Form_Click()
Dim a As Integer, b As Integer
  a = 10: b = 20
  Call pl(a, b)
  Print""a=""; a; ""b=""; b
End Sub
Private Sub pl(ByVal x As Integer, y As Integer)
 x = 5
 y = x + y
End Sub
```

程序运行时，单击窗体后，窗体上显示的值是（　　）。

A．a=10　b=20　　B．a=10　b=25　　C．a=5　b=25　　D．a=5　b=20

17．有如下程序：

```
Private Sub Invert(ByVal xstr As String, ystr As String)
  Dim tempstr As String
  Dim n As Integer
  i = Len(xstr)
  Do While i >= 1
    tempstr = tempstr + Mid(xstr, i, 1)
    i = i - 1
  Loop
  ystr = tempstr
End Sub
Private Sub Form_Click()
  Dim s1 As String, s2 As String
  s1 = ""abcdef""
  Call Invert(s1, s2)
  Print s2
End Sub
```

程序运行后，单击窗体，则输出的结果是（　　）。

A．abcdef　　B．afbecd　　C．fedcba　　D．defabc

18．下面程序的输出结果是（　　）。

```
Private Sub Command1_Click()
  ch$ = ""ABCDEF""
  proc ch
  Print ch
End Sub
Private Sub proc(ch As String)
  S = """"
  For k = Len(ch) To 1 Step -2
    S = S & Mid(ch, k, 1)
  Next k
  ch = S
End Sub
```

A．ABCDEF　　B．FDB　　C．ACE　　D．EDCBA

19．假定有以下函数过程：

```
Function Fun(S As String) As String
  Dim s1 As String
    For i=1 To Len(S)
       s1=UCase(Mid(S, i, 1))+s1
    Next i
    Fun=s1
End Function
```

在窗体上画一个命令按钮，然后编写如下事件过程：

```
Private Sub Commmld1_Click()
  Dim Str1 As String, Str2 As String
  Strl=inputbox(""请输入一个字符串"")
  Str2=Fun(Strl)
  Print Str2
End Sub
```

程序运行后，单击命令按钮，如果在输入对话框中输入字符串“abcdefg”，则单击“确定”按钮后在窗体上的输出结果为（　　）。

A．abcdefg　　B．ABCDEFG　　C．gfedcba　　D．GFEDCBA

20．有如下函数：

```
Function fun(a As Integer, n As Integer) As Integer
  Dim m As Integer
  While a >=n
    a=a-n
    m= m+1
  Wend
  fun=m
End Function
```

该函数的返回值是（　　）。

A．a 乘以 n 的乘积　　B．a 加 n 的和

C．a 减 n 的差　　D．a 除以 n 的商（不含小数部分）

21．在代码中定义了一个子过程：

```
Sub P(a, b)
  …
End Sub
```

下面调用该过程的格式正确的是（　　）。

A．Call　P　　B．Call P 10,20　　C．Call P(10,20)　　D．P(10,20)

22．设一个工程由两个窗体组成，其名称分别为 Form1 和 Form2，在 Form1 上有一个名称为 Command1 的命令按钮，窗体 Form1 的程序代码如下：

```
Private Sub Command1_Click()
  Dim a As Integer
  a = 10
  Call G(Form2, a)
End Sub
```

```
Private Sub G(f As Form, x As Integer)
        y = IIf(x > 10, 100, -100)
        f.Show
        f.Caption = Y
  End Sub
```

运行程序后，正确的结果是（　　）。

A．Form1 的 caption 的属性值为 100 B．Form2 的 caption 的属性值为-100

C．Form1 的 caption 的属性值为-100 D．Form2 的 caption 的属性值为 100

23．下面子过程语句说明合法的是（　　）。

A．Sub f1(ByVal n() As Integer)

B．Sub f1(n() As Integer)As Integer

C．Function　f1(f1 As Integer) As Integer

D．Finction f1(ByVal n As Integer)

24．要想在过程调用时对两个参数都设置为地址传递，下面的过程定义语句合法的是（　　）。

A．Sub Proc1(Byval n,Byval m)　　B．Sub Proc1(ByRef n, Byval m)

C．Sub Proc1(n,m)　　D．Sub Proc1(Byval n, m)

25．有人设计了下面的函数 fun()，功能是返回参数 a 中数值的位数。

```
Function fun(a As Integer) As Integer
  Dim n%
  n = 1
  While a \ 10 >= 0
    n = n + 1
    a = a \ 10
  Wend
  fun = n
End Function
```

在调用该函数时发现返回的结果不正确，函数需要修改，下面的修改方案中正确的是（　　）。

A．把语句 n = 1 改为 n = 0

B．把循环条件 a \ 10 >= 0 改为 a \ 10 > 0

C．把语句　a = a \ 10 改为 a = a Mod 10

D．把语句 fun = n　改为　fun = a

26．子过程 Sub ...End Sub　的形式参数可以是（　　）。

A．常数、简单变量、数组变量和运算式

B．简单变量、数组变量

C．常数、简单变量、数组变量

D．简单变量、数组变量和运算式

27．为达到把 a、b 中的值交换后输出的目的，有人编程如下：

```
Private Sub Command1_Click()
```

```
    a% = 10:b% = 20
    Call swap(a, b)
    Print a, b
  End Sub
  Private Sub swap(ByVal a As Integer, ByVal b As Integer)
    c= a:a=b:b=c
  End Sub
```

在运行时发现输出结果错了，需要修改，下面列出的错误原因和修改方案中正确的是（　　）。

A．调用 swap 过程的语句错误，应改为 Call swap a,b

B．输出语句错误，应改为 Print "a","b"

C．过程的形式参数有错，应改为 swap(ByRef a As Integer,ByRef b As Integer)

D．swap 中 3 条赋值语句的顺序是错误的，应改为 a=b:b=c:c=a

28．下列关于过程叙述不正确的是（　　）。

A．过程的传值调用是将实参的具体值传递给形参

B．过程的传址调用是将实参在内存的地址传递给形参

C．过程的传值调用参数是单向传递的，过程的传址调用参数是双向传递的

D．无论过程传值调用还是过程传址调用，参数传递都是双向的

29．以下描述正确的是（　　）。

A．过程的定义可以嵌套，但过程的调用不能嵌套

B．过程的定义不可以嵌套，但过程的调用可以嵌套

C．过程的定义和过程的调用均可以嵌套

D．过程的定义和过程的调用均不能嵌套

30．以下关于函数过程的叙述正确的是（　　）。

A．如果不指明函数过程参数的类型，则该参数没有数据类型

B．函数过程的返回值可以有多个

C．当数组作为函数过程的参数时，既能以传值方式传递，也能以引用方式传递

D．函数过程形参的类型与函数返回值的类型没有关系

31．以下叙述中错误的是（　　）。

A．如果过程被定义为 Static 类型，则该过程中的局部变量都是 Static 类型

B．Sub 过程中不能嵌套定义 Sub 过程

C．Sub 过程中可以嵌套调用 Sub 过程

D．事件过程可以像通用过程一样由用户定义过程名

32．以下关于过程的叙述错误的是（　　）。

A．事件过程是由某个事件触发而执行的过程

B．函数过程的返回值可以有多个

C．可以在事件过程中调用通用过程

D．不能在事件过程中定义函数过程

33．有人编写了一个能够返回数组 a 中 10 个数中最大数的函数过程，代码如下：

```
Function Maxvalue(a() As Integer) As Integer
  Dim max%
  max=1
  For k = 2 To 10
    If a(k)>a(max) Then     max = k
  Next k
  Maxvalue = max
End Function
```

程序运行时，发现函数过程的返回值是错的，需要修改，下面的修改方案中正确的是（　　）。

A．语句 max = 1 应改为 max = a(1)

B．语句 For k = 2 To 10 应改为 For k = 1 To 10

C．If 语句中的条件 a(k)>a(max)应改为 a(k)>max

D．语句 Maxvalue = max 应改为 Maxvalue = a(max)

34．有如下程序：

```
Private Sub Form_Click()
    Dim a As Integer, b As Integer
 a= 8: b= 3
    Call test(6, a, b+1)
    Print ""主程序"", 6, a, b
End Sub
Sub test (x As Integer, y As Integer, z As Integer)
      Print ""子程序"", x, y, z
      x = 2: y = 4:   z = 9
 End Sub
```

当运行程序后，显示的结果是（　　）。

A．子程序 6 4 3
　 主程序 6 8 4

B．主程序 6 4 3
　 子程序 6 8 4

C．主程序 6 8 4
　 子程序 6 4 3

D．子程序 6 8 4
　 主程序 6 4 3

35．在窗体上画一个名称为 Command1 的命令按钮，编写下列程序：

```
 Private Sub Command1_Click( )
  cls
  Dim a As Integer
  Static b As Integer
  a = a + b
  b = b + 4
  Print a, b
End Su
```

程序运行后，单击该命令按钮三次，则在窗体上显示的值是（　　）。

A．4　12　　B．0　4　　C．4　8　　D．8　12

36．在窗体上画一个名称为 Command1 的命令按钮，然后编写如下程序：

```
 Private Sub Command1_Click()
   cls
   Dim x As Integer
   Static y As Integer
   x = x + 5
   y = y + 3
   Print x, y
End Sub
```

程序运行时，单击命令按钮 Command1 两次后，窗体上显示的结果是（　　）。

A．10　6　　B．5　6　　C．5　3　　D．10　3

37．主过程通过参数传递将一个参数传递给子过程 A，并返回一个结果，下列子过程定义正确的是（　　）。

A．Sub A(m+1,n+2)　　B．Sub A(byval m!, byval n!)

C．Sub A(byval m!, n+2)　　D．Sub A(byval m!, n!)

38．假定有如下 Sub 过程：

```
Sub Fun(x As Single, y As Single)
  t = x   :  x = t \ y :  y = t Mod y
End Sub
```

在窗体上画一个命令按钮和两个文本框（名称分别为 Txt1 和 Txt2），然后编写如下事件过程：

```
Private Sub Command1_Click()
Dim a As Single, b As Single
  a = CInt(Txt1.Text)  :  b = CInt(Txt2.Text)
  Call Fun(a, b)
  Print a, b
End Sub
```

程序运行后在两个文本框中分别输入 5 和 6，单击命令按钮后，输出的结果为（　　）。

A．5　6　　B．0　5　　C．1　4　　D．1　2

39．若要编写一些 Sub 过程，并能从多个窗体中访问这些过程，最好应该将其放在（　　）中。

A．标准模块　　B．窗体　　C．类模块　　D．以上都不可以

40．现有如下程序：

```
Private Sub Command1_Click( )
  s=0
  For i=1 To 5
    s=s+f(5+i)
  Next
  Print s
End Sub
Public Function f(x As Integer)
  If x>=10 Then
```

```
    t=x+1
  Else
    t=x+2
  End If
  f=t
End Function
```

运行程序，则窗体上显示的是（　　）。

A．38　　B．49　　C．61　　D．70

41．在窗体上画两个标签和一个命令按钮，其名称分别为Label1、Label2和Command1，然后编写如下程序：

```
Private Sub func(L As Label)
      L.Caption=""1234""
End sub
Private Sub Form_Load()
      Label2.Caption=10
End sub
Private Sub Command1_Click()
    A=Val(Label2.Caption)
    Call func(Label1)
    Label2.Caption=a
End sub
```

程序运行后，单击命令按钮，则在两个标签中显示的内容分别为（　　）。

A．ABCD和10　B．1234和100　C．ABCD和100　D．1234和10

42．以下关于过程及过程参数的描述错误的是（　　）。

A．过程的参数可以是控件名称

B．调用过程时使用的实参的个数应与过程形参的个数相同

C．只有函数过程能够将过程中处理的信息返回到调用程序中

D．窗体可以作为过程的参数

43．有如下通用过程：

```
Public Function Fun(xStr As String) As String
   Dim tStr As String, strL As Integer
   tStr=""""
   strL=Len(xStr)
   i=strL/2
   Do While i<=strL
        tStr=tStr & Mid(xStr, i+1, 1)
        i=i+1
   Loop
   Fun=tStr & tStr
End Function
```

在窗体上画一个名称为Text1的文本框和一个名称为Command1的命令按钮，然后编写如下事件过程：

```
Private Sub Command1_Click()
```

```
    Dim S1 As String
    S1=""ABCDEF""
    Text1.Text=Lcase(Fun(S1))
End Sub
```

程序运行后，单击命令按钮，文本框中显示的是（　　）。

A．ABCDEF　　B．abcdef　　C．defdef　　D．defabc

44．有如下过程代码。连续 3 次调用 var_dim 过程，第 3 次调用时输出的是（　　）。

```
Sub var_dim()
    Static numa As Integer
    Dim numb As Integer
    numa = numa + 2
    numb = numb + 1
    Print numa, numb
End Sub
```

A．2　1　　B．2　3　　C．6　1　　D．6　3

8.2 填空题

1．在窗体上上画一个命令按钮，其名称为 Command1，然后编写如下程序：

```
Function M(x As Integer, y As Integer) As Integer
    M = IIf(x > y, x, y)
End Function
Private Sub Command1_Click()
    Dim a As Integer, b As Integer
    a = 100
    b = 200
    Print M(a, b)
End Sub
```

程序运行后，单击命令按钮，输出结果为________。

2．设有如下程序：

```
Private Sub Form_Click()
    Dim a As Integer, b As Integer
    a = 20: b = 50
    pl a, b
    p2 a, b
    p3 a, b
    Print ""a=""; a, ""b=""; b
End Sub
Sub pl(x As Integer, ByVal y As Integer)
        x = x + 10
        y = y + 20
End Sub
Sub p2(ByVal x As Integer, y As Integer)
        x = x + 10
        y = y + 20
```

```
End Sub
Sub p3(ByValx As Integer, ByVal y As Integer)
        x = x + 10
        y = y + 20
End Sub
```

该程序运行后，单击窗体，则在窗体上显示的内容是：a=________和 b=________。

3．下面程序的功能是计算输入数的阶乘，请在下划线处填上适当的内容使程序完整。

```
Option Base 1
Private Sub Command1_Click()
   n = Val(InputBox(""请输入一个大于 0 的整数:""))
   Print fact(n)
End Sub
Private Function fact(m)
  Fact= ________
  For i = 2 To m
    fact =________
  Next i
End Function
```

4．下面是打印 N 行杨辉三角形，运行结果为

```
1
1       1
1       2       1
1       3       3       1
1       4       6       4       1
1       5       10      10      5       1
1       6       15      20      15      6       1
⋮       ⋮       ⋮       ⋮       ⋮       ⋮       ⋮
```

请在下划线处填上适当的内容使程序正确完整。

```
Option Base 1
Private Sub Command1_Click()
  Dim a()
  n = Val(InputBox(""请输入一个整数""))
  ReDim a(n, n)
  Call p(a(), n)
End Sub
Private Sub p(a(), n)
  For i = 1 To n
    For j = 1 To ________
      If j = 1 Or i = j Then
        ________
      Else
        a(i, j) = a(i - 1, j - 1) + a(i - 1, j)
      End If
      Print Tab((j - 1) * 6 + 1); a(i, j);
    Next j
```

```
    Print
  Next i
End Sub
```

5．有如下程序：

```
Private Function fun(ByVal num As Long) As Long
  Dim k As Long
  k =1
  num=Abs(num)
  Do While num
    k =k*(num Mod 10)
    num=num\10
  Loop
  fun=k
End Function
Private Sub Command1_Click()
  Dim n As Long
  Dim r As Long
  n=InputBox(""请输入一个数"")
  n=CLng(n)           'CLng(n)将 n 转换为整型
  r =fun(n)
  Print r
End Sub
```

程序运行后，单击命令按钮，在输入对话框中输入""234""，则输出的结果是________。

6．设有如下程序：

```
Private Sub search(a() As Variant, ByVal key As Variant, index%)
  Dim i%
  For i = LBound(a) To UBound(a)
    If key = a(i) Then
      index = i
      Exit Sub
    End If
  Next i
  index = -1
End Sub
Private Sub Form_Load()
  Show
  Dim b() As Variant
  Dim n As Integer
  b = Array(1, 3, 5, 7, 9, 11, 13, 15)
  Call search(b, 11, n)
  Print n
End Sub
```

程序运行后，输出结果是________。

7．下述程序的功能是通过调用过程 Swap，调换数组中数值的存放位置，即 a(1)与 a(10)的值交换，a(2)与 a(9)的值交换，a(5)与 a(6)的值交换，请完善该程序。

```
Option Base 1
Private Sub Command1_Click()
  Dim a(10) As Integer
  For i = 1 To 10
    a(i) = i
  Next
  Call swap(________)
  For i = 1 To 10
    Print a(i);
  Next
End Sub
Sub swap(b() As Integer)
  n =________(b)
  For i = 1 To n / 2
   t = b(i)
   b(i) = b(n)
   b(n) = t
   n = 10 - i
  Next
End Sub
```

8．通过调用过程 search，查找某个元素在数组中的下标值，如果没有该元素，返回值为-1，请完善该程序。

```
Private Sub Form_click()
  Dim a() As Variant
  Dim n As Integer
  a = Array(2, 4, 6, 8, 10, 15, 18, 20)
  Call search(a, 10, n)
  Print n
End Sub
Private Sub search(a() As Variant, ByVal Key As Variant, index%)
 Dim i As Integer
  For i = LBound(a) To UBound(a)
    If a(i)=________ Then
      index = i
      Exit Sub
    End If
    Next i

    ________
End Sub
```

9．设有以下函数过程：

```
Function fun(m As Integer) As Integer
    Dim k As Integer, sum As Integer
    sum = 0
```

```
    For k = m To 1 Step -2
      sum = sum + k
    Next k
    fun = sum
End Function
```

若在程序中用语句 s = fun(10）调用此函数，则 s 的值为________。

10．在窗体上画 1 个名称为 Command1 的命令按钮和 2 个名称分别为 Text1、Text2 的文本框，然后编写如下程序：

```
Function Fun(x As Integer, ByVal y As Integer)As Integer
  x=x+y
  If x<0 Then Fun=x Else Fun=y
End Function
Private Sub Command1_Click()
Dim a As Integer, b As Integer
a=5:b=-10
Text1.Text=Fun(a, b)
End Sub
```

程序运行后，单击命令按钮，Text1 文本框显示的内容是________。

11．有人编写如下函数来判断 a 是否为素数，若是，则函数返回 True；否则，返回 False。

```
Function prime(a As Integer)AS Boolean
Dim k As Interger, isprime AS Boolean
If a<2 Then
    isprime=False
Else
    isprime=True
    k=2
Do While k<a/2 And isprime
      If a Mod k=0 Then
        isprime=False
Else
        k=k+1
End IF
Loop
End If
  prime=isprime
End Function
```

在测试时发现有 1 个非素数也被判断为素数，这个错判的数是________。

12．在过程定义时，参数有传值和传址，若形参有数组，不能使用________。

13．在过程体中，用________方式声明的局部变量，其值可以保留至下次过程被调用。

14．下面程序的运行结果是________。

```
Public Function f(ByVal n%, ByVal r%)
  If n <> 0 Then
    f = f(n \ r, r)
    Print n Mod r ;
```

```
    End If
End Function
Private Sub Command1_Click()
    Print f (16, 8)
End Sub
```

15．在窗体上画一个名称为 Command1 的命令按钮，然后编写如下程序：

```
Option Base 1
Private Sub Command1_Click()
    Dim a(10) As Integer
    For i=1 To 10
        a(i)=i
    Next
    Call swap ( ________ )
    For i=1 To 10
        Print a(i);
    Next
End Sub
Sub swap(b() As Integer)
    n=Ubound(b)
    For i=1 To n / 2
        t=b(i)
        b(i)=b(n)
        b(n)=t
        ________
    Next
End Sub
```

上述程序的功能是，通过调用过程 swap，调换数组中数值的存放位置，即 a(1)与 a(10)的值互换，a(2)与 a(9)的值互换……，请完善该程序。

16．窗体上有名称为 Command1 的命令按钮，事件过程及两个函数过程如下：

```
Private Sub Command1_Click()
    Dim x As Integer, y As Integer
    x = 3
    y = 5
    z = fy(y)
    Print fx(fx(x)), y
End Sub
Function fx(ByVal a As Integer)
    a = a + a
    fx = a
End Function
Function fy(ByRef a As Integer)
    a = a + a
    fy = a
End Function
```

运行程序并单击命令按钮，则窗体上显示的两个值依次是________和________。

17．窗体上命令按钮 Command1 的事件过程如下：

```
Private Sub Command1_Click()
  Dim total As Integer
  total=s(1)+s(2)
  Print total
End Sub
Private Function s(m As integer)As integer
  Static x As integer
  For i=1 to m
    x=x+1
  next i
  s=x
End Function
```

运行程序，第 3 次单击命令按钮 Command1 时，输出结果为________。

第九章　标准控件与多窗体

9.1　选择题

1．在下列关于通用对话框的叙述错误的是（　　）。

A．CommonDialog1.ShowFont 显示字体对话框

B．在“打开”或“另存为”对话框中，选择的文件名可以经 FileTitle 属性返回

C．在“打开”或“另存为”对话框中，用户选择的文件名及其路径可以经 FileName 属性返回

D．通用对话框可以用来制作和显示帮助对话框

2．以下语句正确的是（　　）。

A．CommonDialog1.Filter = All Files(*.*)|*.*| Pictures(*.Bmp)|*.Bmp

B．CommonDialog1.Filter= " All Files(*.*)"|"*.*"|"Pictures(*.Bmp) "|"*.Bmp"

C．CommonDialog1.Filter = " All Files(*.*)|*.*| Pictures(*.Bmp)|*.Bmp"

D．CommonDialog1.Filter = { All Files(*.*)|*.*| Pictures(*.Bmp)|*.Bmp}

3．下列控件中，没有 Caption 属性的是（　　）。

A．框架　　B．列表框　　C．复选框　　D．单选按钮

4．命令按钮不能响应的事件是（　　）。

A．DblClick　　B．Click　　C．MouseDown　　D．MouseUp

5．若设置了文本框的属性 PasswordChar= ""$""，则运行程序时向文本框中输入 8 个任意字符后，文本框中显示的是（　　）。

A．8 个"$"　　B．1 个 "$"　　C．8 个"*"　　D．无任何内容

6．若要使标签控件显示时不覆盖其背景内容，要进行设置的属性是（　　）。

A．BackColor　　B．BorderStyle　　C．ForeColor　　D．BackStyle

7．下列属性值为字符串属性的是（　）。

A．Caption　B．Value　C．Width　D．Height

8．若使用 Textbox 控件时，为对用户输入的内容进行立即检查，应对 Textbox 控件的哪个事件编程（　）。

A．Change　B．Interval　C．Left　D．Top

9．为了使标签中的文本靠右显示，则应将其 Alignment 属性设置为（　）。

A．0　B．1　C．2　D．3

10．要使一个文本框可以显示多行文本，应设置为 True 的属性是（　）。

A．Enabled　B．MultiLine　C．MaxLength　D．Width

11．若要设置文本框中所显示的文本颜色，应设置的属性是（　）。

A．FillColor　B．BackColor　C．ForeColor　D．BackStyle

12．在窗体上画一个名称为 Text1 的文本框和一个名称为 Label1 的标签，要求如下程序运行时，在文本框中输入的内容立即在标签中显示。

```
Private Sub Text1______()
  Label1.Caption = Text1.Text
End Sub
```

在下划线上填入的内容是（　）。

A．Focus　B．Click　C．Change　D．LostFocus

13．在窗体上有一个名为 Text1 的文本框，当光标在文本框中时，如果按下字母键“A”，则被调用的事件过程是（　）。

A．Form_KeyPress()　B．text1_LostFocus()

C．Text1_Click()　D．Text1_Change()

14．对象.cls 方法对（　）控件有效。

A．窗体、图像框　B．窗体、图片框

C．屏幕、窗体　D．图像框、图片框

15．要使文本框获得输入焦点，则应采用文本框控件的（　）方法。

A．GotFocus　B．LostFocus　C．KeyPress　D．SetFocus

16．窗体的隐藏和卸载，分别用在不同的场合，隐藏 Form1 和卸载 Form1 的命令是（　）。

A．Hide Form1 Unload Form1　B．Form1.Hide Form1.Unload

C．Form1.Hide Unload Form1　D．Hide Form1 Form1.Unload

17．当运行程序时，系统自动执行启动窗体的某个事件过程，这个事件过程是（　）。

A．Load　B．Click　C．Unload　D．GotFocus

18．要使一个命令按钮成为图形命令按钮，则应设置其（　）属性值。

A．Picture　B．Style　C．DownPicture　D．DisabledPicture

19．若要将窗体从内存卸载，其实现的方法是（　）。

A．Show　B．UnLoad　C．Load　D．Hide

20．为了使某个文本框不能接收焦点，应将此控件的（　）。

A．TabIndex 属性设置为 True B．TabStop 属性设置为 True
C．TabStop 属性设置为 False D．Enabled 属性设置为 True

21．无论什么控件，共同具有的属性是（ ）。
A．Text B．Name C．ForeColor D．Caption

22．能够获得一个文本框中被选取文本的内容的属性是（ ）。
A．Text B．Length C．SelText D．SelStart

23．针对下列程序代码，说法正确的是（ ）。

```
Text1.Left=400
Text1.Top=1000
```

A．Text1 对象左边界距窗体的左边界 400twip，上边界距窗体的上边界 1000twip
B．Text1 对象左边界距窗体的左边界 400twip，上边界距屏幕的上边界 1000twip
C．Text1 对象的高度为 400twip，宽度为 1000twip
D．Text1 对象的高度为 400 点，宽度为 1000 点

24．为了在按下 Enter 键时执行某个命令按钮的事件过程，需要把该命令按钮的一个属性设置为 True，这个属性是（ ）。
A．Value B．Cancel C．Enabled D．Default

25．以下不具有 Picture 属性的对象是（ ）。
A．窗体 B．图片框 C．图像框 D．文本框

26．要使两个单选按钮属于同一个框架，正确的操作是（ ）。
A．先画一个框架，再在框架中画两个单选按钮
B．先画一个框架，再在框架外画两个单选按钮，然后把单选按钮拖到框架中
C．先画两个单选按钮，再画框架将单选按钮框起来
D．以上三种方法都正确

27．要限制在文本框中最多只能输入 6 个字符，应该通过文本框的（ ）属性设置。
A．Text B．maxlength C．len D．seltext

28．滚动条可以响应的事件是（ ）。
A．Load B．Scroll C．Click D．MouseDown

29．单击窗体上的关闭按钮，将触发（ ）事件。
A．Form_unload() B．Form_click()
C．Form_load D．Initialize

30．用来设置文字字体是否斜体的属性是（ ）。
A．FonUnderline B．FontBold
C．Fontslope D．FontItalic

31．下面（ ）属性肯定不是框架控件的属性。
A．Text B．Caption C．Left D．Enabled

32．将文本框的 ScrollBars 属性设置成了非零值，但没有效果，其原因是（ ）。
A．文本框没有内容 B．文本框 MultiLine 属性为 False

C．文本框的 MultiLine 属性为 True　D．文本框的 Locked 属性为 False

33．以下叙述中错误的是（　）。

A．一个工程中只能有一个 Sub Main 过程

B．窗体的 Show 方法的作用是将指定的窗体装入内存并显示该窗体

C．窗体的 Hide 方法和 Unload 方法的作用完全相同

D．若工程文件中有多个窗体，可以根据需要指定一个窗体为启动窗体

34．若窗体上的图片框中有一个命令按钮，则此按钮的 Left 属性是指（　）。

A．按钮左端到窗体左端的距离　B．按钮左端到图片框左端的距离

C．按钮中心点到窗体左端的距离　D．按钮中心点到图片框左端的距离

9.2 填空题

1．要使文本框获得输入焦点，则应该采用文本框的________方法。

2．Print 方法中，若对象名省略，则默认对象为________。

习题答案

第一章 Visual Basic 程序设计概述

1.1 选择题

1．D　2．B　3．C　4．B　5．C　6．C　7．D　8．C

1.2 填空题

1．窗体名

2．运行

第二章 简单 Visual Basic 面向对象程序设计

2.1 选择题

1．D　2．B　3．B　4．D　5．C　6．D　7．A　8．A

9．D　10．B　11．B　12．C　13．B　14．C　15．C　16．B

17．C　18．C　19．C　20．B

2.2 填空题

1．text

2．属性　方法

3．.vbp

第三章 Visual Basic 程序设计基础

3.1 选择题

1．C 2．D 3．A 4．B 5．D 6．C 7．D 8．B

9．C 10．C 11．B 12．B 13．C 14．B 15．B 16．A

17．A 18．B 19．B 20．D 21．A 22．A 23．D 24．A

25．A 26．C 27．A 28．D 29．D 30．B 31．A 32．B

33．D 34．B 35．A 36．D 37．B 38．A 39．A 40．A

41．D 42．A 43．D 44．B 45．A 46．C 47．B 48．D

49．C 50．B 51．A 52．A 53．A 54．A 55．D

3.2 填空题

1．7

2．0

3．123456

4．Flying is FUNNY!

5．12.3

6．整型

7．+

8．False

9．Abs(x-y)-Log(3*x)

10．x mod 5=0 or x mod 9=0

11．Mid(m,5,6)

12．x>=10 and x<20

13．77

14． (m mod 10)*10+m\10

15．"I am happy!"

16．X%>=0 AND X%<100

17．-36

18．-7*a*b+4*log(2)-5*sin(a)

19．9

20．3

21．false

第四章 Visual Basic 程序的顺序结构

4.1 选择题

1．C 2．B 3．A 4．B 5．B 6．D 7．D 8．B

9．C 10．B 11．A 12．C 13．C 14．C 15．B 16．C

17. C 18. A 19. A 20. A 21. C 22. C 23. B 24. B
25. A 26. D 27. C 28. B 29. B 30. B 31. D 32. B
33. C 34. A 35. D 36. B 37. A 38. D 39. D

4.2 填空题

1. 168
2. 3248.50%
3. 8
4. 32,548.5
5. 032,548.50
6. 12345.68
7. 25

第五章 选择结构

5.1 选择题

1. C 2. B 3. A 4. C 5. C 6. C 7. D 8. D
9. D 10. B 11. B 12. C 13. B 14. A 15. C 16. B
17. D 18. D 19. B

5.2 填空题

1. List1.RemoveItem j
2. 300，-150
3. List1.additem "Apple", List1.listcount
4. 456123

第六章 循环结构

6.1 选择题

1. C 2. D 3. C 4. B 5. B 6. B 7. B 8. D
9. A 10. D 11. A 12. D 13. C 14. B 15. A 16. A
17. D 18. A 19. C 20. B 21. D 22. B 23. D 24. C
25. C 26. B 27. A 28. D 29. A 30. A 31. C 32. C
33. D 34. B 35. A 36. B 37. D 38. C 39. D 40. A
41. C 42. A 43. B 44. D 45. A 46. D 47. B 48. C
49. B

6.2 填空题

1. 5
2. 10
3. List1.Listindex=i Min=Val(List1.Text)
4. 21

5．x Mod 5　x

6．6

7．12345678925

8．x<Min　s-Max-Min

9．12

10．sqr(a*a+b*b)或 sqr(a^2+b^2)　c=int(c)

11．160

12．9

13．28

14．3

15．10100

16．44

17．78

18．Is　End Select

19．10

20．Combo1.List(i)

21．sum-max-min

第七章 数组

7.1 选择题

1．B　2．A　3．C　4．D　5．D　6．C　7．A　8．C

9．C　10．D　11．D　12．C　13．A　14．D　15．C　16．D

17．C　18．C　19．C　20．B　21．B　22．D　23．B　24．D

25．B　26．A　27．D　28．B　29．B　30．C　31．D　32．B

7.2 填空题

1．Option Base 1

2．Lbound　Ubound

3．Load　UnLoad

4．0　""

5．丢失　Preserve

6．Index

7．redim a(1 to 20)

8．flag=true　i=i+1

9．x Mod 3=2 and x Mod 5=3

10．a(i)+a(i-)　3

11．Max=k　am=a(Max)

12．9　j Mod 3=0

13．n-k　a(i+1)

14．k=j　k=i

15．ABCDE

16．1 to 10　i=j

17．Option1(i).value　Opt

18．42

19．41

20．5　a(10-i+1)或 a(11-i)或 a(10+1-i)

21．8　a(j)

22．int

23．A((i-1)*10+j)

第八章　过程

8.1　选择题

1．B　2．B　3．D　4．D　5．D　6．B　7．A　8．A

9．B　10．A　11．D　12．B　13．D　14．A　15．B　16．B

17．C　18．B　19．D　20．D　21．C　22．B　23．D　24．C

25．B　26．B　27．C　28．D　29．B　30．D　31．D　32．B

33．D　34．D　35．D　36．B　37．D　38．B　39．A　40．B

41．D　42．C　43．C　44．C

8.2　填空题

1．200

2．30　70

3．1　fact*i

4．i　a(i,j)=1

5．24

6．5

7．a()　ubound

8．key　index=-1

9．30

10．-5

11．4

12．传值

13．static

14．20

15．a 或 a()　n=n-1

16．12　10

17．16

第九章 标准控件与多窗体

9.1 选择题

1．D　2．C　3．B　4．A　5．A　6．D　7．A　8．A
9．B　10．B　11．C　12．C　13．D　14．B　15．D　16．C
17．A　18．B　19．B　20．C　21．B　22．C　23．A　24．D
25．D　26．A　27．B　28．B　29．A　30．D　31．A　32．B
33．C　34．B

9.2 填空题

1．setfocus

2．窗体

第三部分　考试篇

一、计算机等级考试二级 VB 简介及要求

Visual Basic 是由微软公司开发的包含协助开发环境的事件驱动编程语言。从任何标准来说，VB 都是世界上使用人数最多的语言，它源自BASIC编程语言。全国计算机等级考试二级 VB 语言程序设计这一考试项目的基本要求如下：

1．熟悉 Visual Basic 集成开发环境。

2．了解 Visual Basic 中对象的概念和事件驱动程序的基本特性。

3．了解简单的数据结构和算法。

4．能够编写和调试简单的 Visual Basic 程序。

二、计算机等级考试二级 VB 考试内容

1．Visual Basic 程序开发环境。

（1）Visual Basic 的特点和版本。

（2）Visual Basic 的启动与退出。

（3）主窗口：

1）标题和菜单。

2）工具栏。

（4）其他窗口：

1）窗体设计器和工程资源管理器。

2）属性窗口和工具箱窗口。

2．对象及其操作。

（1）对象：

1）Visual Basic 的对象。

二级各科目考试的公共基础知识考试大纲及样题见高等教育出版社出版的《全国计算机等级考试二级教程——公共基础知识》（2013 年版）附录部分。

2）对象属性设置。

（2）窗体：

1）窗体的结构与属性。

2）窗体事件。

（3）控件：

1）标准控件。
2）控件的命名和控件值。
（4）控件的画法和基本操作。
（5）事件驱动。
3．数据类型及其运算。
（1）数据类型：
1）基本数据类型。
2）用户定义的数据类型。
（2）常量和变量：
1）局部变量与全局变量。
2）变体类型变量。
3）缺省声明。
（3）常用内部函数。
（4）运算符与表达式：
1）算术运算符。
2）关系运算符与逻辑运算符。
3）表达式的执行顺序。
4．数据输入、输出。
（1）数据输出：
1）Print 方法。
2）与 Print 方法有关的函数（Tab,Spc,Space$）。
3）格式输出（Format$）。
（2）InputBox 函数。
（3）MsgBox 函数和 MsgBox 语句。
（4）字形。
（5）打印机输出：
1）直接输出。
2）窗体输出。
5．常用标准控件。
（1）文本控件：
1）标签。
2）文本框。
（2）图形控件：
1）图片框、图像框的属性、事件和方法。
2）图形文件的装入。
3）直线和形状。
（3）按钮控件。

（4）选择控件：复选框和单选按钮。
（5）选择控件：列表框和组合框。
（6）滚动条。
（7）计时器。
（8）框架。
（9）焦点与 Tab 顺序。
6．控制结构。
（1）选择结构：
1）单行结构条件语句。
2）块结构条件语句。
3）IIf 函数。
（2）多分支结构。
（3）For 循环控制结构。
（4）While 循环控制结构。
（5）Do 循环控制结构。
（6）多重循环。
7．数组。
（1）数组的概念：
1）数组的定义。
2）静态数组与动态数组。
（2）数组的基本操作：
1）数组元素的输入、输出和复制。
2）ForEach ... Next 语句。
3）数组的初始化。
（3）控件数组。
8．过程。
（1）Sub 过程：
1）Sub 过程的建立。
2）调用 Sub 过程。
3）通用过程与事件过程。
（2）Function 过程：
1）Function 过程的定义。
2）调用 Function 过程。
（3）参数传送：
1）形参与实参。
2）引用。
3）传值。

4）数组参数的传送。
（4）可选参数与可变参数。
（5）对象参数：
1）窗体参数。
2）控件参数。
9．菜单与对话框。
（1）用菜单编辑器建立菜单。
（2）菜单项的控制：
1）有效性控制。
2）菜单项标记。
3）键盘选择。
（3）菜单项的增减。
（4）弹出式菜单。
（5）通用对话框。
（6）文件对话框。
（7）其他对话框（颜色、字体、打印对话框）。
10．多重窗体与环境应用。
（1）建立多重窗体应用程序。
（2）多重窗体程序的执行与保存。
（3）Visual Basic 工程结构：
1）标准模块。
2）窗体模块。
3）SubMain 过程。
（4）闲置循环与 DoEvents 语句。
11．键盘与鼠标事件过程。
（1）KeyPress 事件。
（2）KeyDown 与 KeyUp 事件。
（3）鼠标事件。
（4）鼠标光标。
（5）拖放。
12．数据文件。
（1）文件的结构和分类。
（2）文件操作语句和函数。
（3）顺序文件：
1）顺序文件的写操作。
2）顺序文件的读操作。
（4）随机文件：

1）随机文件的打开与读写操作。
2）随机文件中记录的增加与删除。
3）用控件显示和修改随机文件。
（5）文件系统控件：
1）驱动器列表框和目录列表框。
2）文件列表框。
（6）文件基本操作。

三、计算机等级考试二级 VB 考试方式

计算机等级考试二级 VB 为上机考试，考试时长 120 分钟，满分 100 分。
1．题型及分值。
（1）单项选择题 40 分（含公共基础知识部分 10 分）。
（2）基本操作题 18 分。
（3）简单应用题 24 分。
（4）综合应用题 18 分。
2．考试环境。
考试环境为 Microsoft Visual Basic 6.0。

四、计算机等级考试二级 VB 练习题

公共基础部分练习题

（一）选择题

1．下面叙述正确的是（　　）。
A．算法的执行效率与数据的存储结构无关
B．算法的空间复杂度是指算法程序中指令（或语句）的条数
C．算法的有穷性是指算法必须能在执行有限个步骤之后终止
D．以上三种描述都不对

2．以下数据结构中不属于线性数据结构的是（　　）。
A．队列　　B．线性表　　C．二叉树　　D．栈

3．在一棵二叉树上第 5 层的结点数最多是（　　）（注：由公式 2^{k-1} 得）。
A．8　　B．16　　C．32　　D．15

4．下面描述中，符合结构化程序设计风格的是（　　）。
A．使用顺序、选择和重复（循环）三种基本控制结构表示程序的控制逻辑
B．模块只有一个入口，可以有多个出口
C．注重提高程序的执行效率

D．不使用 goto 语句

5．下面概念中，不属于面向对象方法的是（　　）。

A．对象　　B．继承　　C．类　　D．过程调用

6．在结构化方法中，用数据流程图（DFD）作为描述工具的软件开发阶段是（　　）。

A．可行性分析　　B．需求分析　　C．详细设计　　D．程序编码

7．在软件开发中，下面任务不属于设计阶段的是（　　）。

A．数据结构设计　　B．给出系统模块结构

C．定义模块算法　　D．定义需求并建立系统模型

8．数据库系统的核心是（　　）。

A．数据模型　　B．数据库管理系统

C．软件工具　　D．数据库

9．下列叙述中正确的是（　　）。

A．数据库是一个独立的系统，不需要操作系统的支持

B．数据库设计是指设计数据库管理系统

C．数据库技术的根本目标是要解决数据共享的问题

D．数据库系统中，数据的物理结构必须与逻辑结构一致

10．下列模式中，能够给出数据库物理存储结构与物理存取方法的是（　　）。

A．内模式　　B．外模式　　C．概念模式　　D．逻辑模式

11．算法的时间复杂度是指（　　）。

A．执行算法程序所需要的时间

B．算法程序的长度

C．算法执行过程中所需要的基本运算次数

D．算法程序中的指令条数

12．算法的空间复杂度是指（　　）。

A．算法程序的长度　　B．算法程序中的指令条数

C．算法程序所占的存储空间　　D．算法执行过程中所需要的存储空间

13．设一棵完全二叉树共有 699 个结点，则在该二叉树中的叶子结点数为（　　）（注：利用公式 n=n0+n1+n2、n0=n2+1 和完全二叉数的特点可求出）。

A．349　　B．350　　C．255　　D．351

14．结构化程序设计主要强调的是（　　）。

A．程序的规模　　B．程序的易读性

C．程序的执行效率　　D．程序的可移植性

15．在软件生命周期中，能准确地确定软件系统必须做什么和必须具备哪些功能的阶段是（　　）（注：即第一个阶段）。

A．概要设计　　B．详细设计

C．可行性分析　　D．需求分析

16．数据流图用于抽象描述一个软件的逻辑模型，数据流图由一些特定的图符构成。下

列图符名标识的图符不属于数据流图合法图符的是（ ）。

A．控制流 B．加工 C．数据存储 D．源和潭

17．软件需求分析阶段的工作可以分为四个方面：需求获取、需求分析、编写需求规格说明书以及（ ）。

A．阶段性报告 B．需求评审 C．总结 D．都不正确

18．下列关于数据库系统的叙述正确的是（ ）。

A．数据库系统减少了数据冗余

B．数据库系统避免了一切冗余

C．数据库系统中数据的一致性是指数据类型的一致性

D．数据库系统比文件系统能管理更多的数据

19．关系表中的每一横行称为一个（ ）。

A．元组 B．字段 C．属性 D．码

20．数据库设计包括两个方面的设计内容，它们是（ ）。

A．概念设计和逻辑设计 B．模式设计和内模式设计

C．内模式设计和物理设计 D．结构特性设计和行为特性设计

21．下列叙述中正确的是（ ）。

A．线性表是线性结构 B．栈与队列是非线性结构

C．线性链表是非线性结构 D．二叉树是线性结构

22．下列关于栈的叙述正确的是（ ）。

A．在栈中只能插入数据 B．在栈中只能删除数据

C．栈是先进先出的线性表 D．栈是先进后出的线性表

23．下列关于队列的叙述正确的是（ ）。

A．在队列中只能插入数据 B．在队列中只能删除数据

C．队列是先进先出的线性表 D．队列是先进后出的线性表

24．对建立良好的程序设计风格，下面描述正确的是（ ）。

A．程序应简单、清晰、可读性好 B．符号名的命名要符合语法

C．充分考虑程序的执行效率 D．程序的注释可有可无

25．下面对对象概念描述错误的是（ ）。

A．任何对象都必须有继承性 B．对象是属性和方法的封装体

C．对象间的通信靠消息传递 D．操作是对象的动态性属性

26．下面不属于软件工程的 3 个要素的是（ ）。

A．工具 B．过程 C．方法 D．环境

27．程序流程图（PFD）中的箭头代表的是（ ）。

A．数据流 B．控制流 C．调用关系 D．组成关系

28．在数据管理技术的发展过程中，经历了人工管理阶段、文件系统阶段和数据库系统阶段，其中数据独立性最高的阶段是（ ）。

A．数据库系统 B．文件系统 C．人工管理 D．数据项管理

29. 用树形结构来表示实体之间联系的模型称为（　　）。

A．关系模型　　B．层次模型　　C．网状模型　　D．数据模型

30. 关系数据库管理系统能实现的专门关系运算包括（　　）。

A．排序、索引、统计　　B．选择、投影、连接

C．关联、更新、排序　　D．显示、打印、制表

31. 算法一般可以用（　　）控制结构组合而成。

A．循环、分支、递归　　B．顺序、循环、嵌套

C．循环、递归、选择　　D．顺序、选择、循环

32. 数据的存储结构是指（　　）。

A．数据所占的存储空间量　　B．数据的逻辑结构在计算机中的表示

C．数据在计算机中的顺序存储方式　　D．存储在外存中的数据

33. 设有下列二叉树：

A B C D E F

对此二叉树中序遍历的结果为（　　）。

A．ABCDEF　　B．DBEAFC　　C．ABDECF　　D．DEBFCA

34. 在面向对象方法中，一个对象请求另一对象为其服务的方式是通过发送（　　）。

A．调用语句　　B．命令　　C．口令　　D．消息

35. 检查软件产品是否符合需求定义的过程称为（　　）。

A．确认测试　　B．集成测试　　C．验证测试　　D．验收测试

36. 下列工具中属于需求分析常用的工具的是（　　）。

A．PAD　　B．PFD　　C．N-S　　D．DFD

37. 下面不属于软件设计原则的是（　　）。

A．抽象　　B．模块化　　C．自底向上　　D．信息隐蔽

38. 索引属于（　　）。

A．模式　　B．内模式　　C．外模式　　D．概念模式

39. 在关系数据库中，用来表示实体之间联系的是（　　）。

A．树结构　　B．网结构　　C．线性表　　D．二维表

40. 将 E-R 图转换到关系模式时，实体与联系都可以表示成（　　）。

A．属性　　B．关系　　C．键　　D．域

41. 在下列选项中，（　　）不是一个算法应该具有的基本特征。

A．确定性　　B．可行性　　C．无穷性　　D．拥有足够的情报

42．希尔排序法属于（　　）排序法。

A．交换类　　B．插入类
C．选择类　　D．建堆

43．在深度为5的满二叉树中，叶子结点的个数为（　　）。

A．32　　B．31　　C．16　　D．15

44．对长度为N的线性表进行顺序查找，在最坏情况下所需要的比较次数为（　　）（注：要牢记）。

A．N+1　　B．N　　C．(N+1)/2　　D．N/2

45．信息隐蔽的概念与下述（　　）概念直接相关。

A．软件结构定义　　B．模块独立性
C．模块类型划分　　D．模拟耦合度

46．面向对象的设计方法与传统的面向过程的方法有本质不同，它的基本原理是（　　）。

A．模拟现实世界中不同事物之间的联系
B．强调模拟现实世界中的算法而不强调概念
C．使用现实世界的概念抽象地思考问题从而自然地解决问题
D．鼓励开发者在软件开发的绝大部分工作中都用实际领域的概念去思考

47．在结构化方法中，软件功能分解属于软件开发的（　　）阶段（注：总体设计也就是概要设计）。

A．详细设计　　B．需求分析　　C．总体设计　　D．编程调试

48．软件调试的目的是（　　）（注：与软件测试要对比着复习）。

A．发现错误　　B．改正错误　　C．改善软件的性能　　D．挖掘软件的潜能

49．按条件f对关系R进行选择，其关系代数表达式为（　　）。

A．R|X|R　　B．R|X|Rf　　C．6f(R)　　D．∏f(R)

50．在数据库概念设计的过程中，视图设计一般有三种设计次序，以下各项中错误的是（　　）。

A．自顶向下　　B．由底向上　　C．由内向外　　D．由整体到局部

51．在计算机中，算法是指（　　）。

A．查询方法　　B．加工方法
C．解题方案的准确而完整的描述　　D．排序方法

52．栈和队列的共同点是（　　）（注：这一共同点和线性表不一样）。

A．都是先进后出　　B．都是先进先出
C．只允许在端点处插入和删除元素　　D．没有共同点

53．已知二叉树后序遍历序列是dabec，中序遍历序列是debac，它的前序遍历序列是（　　）（注：前提要掌握三种遍历的方法）。

A．cedba　　B．acbed　　C．decab　　D．deabc

54．在下列几种排序方法中，要求内存量最大的是（　　）（注：要牢记）。

A．插入排序　　B．选择排序　　C．快速排序　　D．归并排序

55．在设计程序时，应采纳的原则之一是（　　）（注：和设计风格有关）。

A．程序结构应有助于读者理解　　B．不限制 goto 语句的使用

C．减少或取消注解行　　D．程序越短越好

56．下列不属于软件调试技术的是（　　）。

A．强行排错法　B．集成测试法　C．回溯法　D．原因排除法

57．下列叙述中，不属于软件需求规格说明书的作用的是（　　）。

A．便于用户、开发人员进行理解和交流

B．反映出用户问题的结构，可以作为软件开发工作的基础和依据

C．作为确认测试和验收的依据

D．便于开发人员进行需求分析

58．在数据流图（DFD）中，带有名字的箭头表示（　　）。

A．控制程序的执行顺序　　B．模块之间的调用关系

C．数据的流向　　D．程序的组成成分

59．SQL 语言又称为（　　）。

A．结构化定义语言　　B．结构化控制语言

C．结构化查询语言　　D．结构化操纵语言

60．视图设计一般有 3 种设计次序，下列不属于视图设计的是（　　）。

A．自顶向下　B．由外向内　C．由内向外　D．自底向上

61．数据结构中，与所使用的计算机无关的是数据的（　　）。

A．存储结构　B．物理结构　C．逻辑结构　D．物理和存储结构

62．栈底至栈顶依次存放元素 A、B、C、D，在第五个元素 E 入栈前，栈中元素可以出栈，则出栈序列可能是（　　）。

A．ABCED　B．DBCEA　C．CDABE　D．DCBEA

63．线性表的顺序存储结构和线性表的链式存储结构分别是（　　）。

A．顺序存取的存储结构、顺序存取的存储结构

B．随机存取的存储结构、顺序存取的存储结构

C．随机存取的存储结构、随机存取的存储结构

D．任意存取的存储结构、任意存取的存储结构

64．在单链表中，增加头结点的目的是（　　）。

A．方便运算的实现

B．使单链表至少有一个结点

C．标识表结点中首结点的位置

D．说明单链表是线性表的链式存储实现

65．软件设计包括软件的结构、数据接口和过程设计，其中软件的过程设计是指（　　）。

A．模块间的关系

B．系统结构部件转换成软件的过程描述

C．软件层次结构

D．软件开发过程

66．为了避免流程图在描述程序逻辑时的过于灵活的弊端，提出了用方框图来代替传统的程序流程图，通常也把这种图称为（　　）。

A．PAD 图　　B．N-S 图　　C．结构图　　D．数据流图

67．数据处理的最小单位是（　　）（注：数据项不可再分割）。

A．数据　　B．数据元素　　C．数据项　　D．数据结构

68．下列有关数据库的描述，正确的是（　　）。

A．数据库是一个 DBF 文件

B．数据库是一个关系

C．数据库是一个结构化的数据集合

D．数据库是一组文件

69．单个用户使用的数据视图的描述称为（　　）。

A．外模式　　B．概念模式　　C．内模式　　D．存储模式

70．需求分析阶段的任务是确定（　　）。

A．软件开发方法　　B．软件开发工具

C．软件开发费用　　D．软件系统功能

71．算法分析的目的是（　　）（注：要牢记）。

A．找出数据结构的合理性　　B．找出算法中输入和输出之间的关系

C．分析算法的易懂性和可靠性　　D．分析算法的效率以求改进

72．链表不具有的特点是（　　）。

A．不必事先估计存储空间　　B．可随机访问任一元素

C．插入删除不需要移动元素　　D．所需空间与线性表长度成正比

73．已知数据表 A 中每个元素距其最终位置不远，为节省时间，应采用的算法是（　　）。

A．堆排序　　B．直接插入排序　C．快速排序　　D．直接选择排序

74．用链表表示线性表的优点是（　　）（注：因为不需要移动元素）。

A．便于插入和删除操作　　B．数据元素的物理顺序与逻辑顺序相同

C．花费的存储空间较顺序存储少　　D．便于随机存取

75．下列不属于结构化分析的常用工具的是（　　）。

A．数据流图　　B．数据字典　　C．判定树　　D．PAD 图

76．软件开发的结构化生命周期方法将软件生命周期划分成（　　）。

A．定义、开发、运行维护

B．设计阶段、编程阶段、测试阶段

C．总体设计、详细设计、编程调试

D．需求分析、功能定义、系统设计

77．在软件工程中，白箱测试法可用于测试程序的内部结构，此方法将程序看作（　　）。

A．循环的集合　　B．地址的集合

C．路径的集合　　D．目标的集合

78. 在数据管理技术发展过程中，文件系统与数据库系统的主要区别是数据库系统（ ）[注：数据模型采用关系模型（二维表）]。

A．数据无冗余　　B．数据可共享

C．具有专门的数据管理软件　　D．具有特定的数据模型

79. 分布式数据库系统不具有的特点是（ ）。

A．分布式　　B．数据冗余

C．数据分布性和逻辑整体性　　D．位置透明性和复制透明性

80. 下列说法中，不属于数据模型所描述的内容的是（ ）。

A．数据结构　B．数据操作　C．数据查询　D．数据约束

81. 根据数据结构中各数据元素之间前后件关系的复杂程度，一般将数据结构分成（ ）。

A．动态结构和静态结构　　B．紧凑结构和非紧凑结构

C．线性结构和非线性结构　　D．内部结构和外部结构

82. 下列叙述中，错误的是（ ）。

A．数据的存储结构与数据处理的效率密切相关

B．数据的存储结构与数据处理的效率无关

C．数据的存储结构在计算机中所占的空间不一定是连续的

D．一种数据的逻辑结构可以有多种存储结构

83. 线性表 L=(a1,a2,a3,…ai,…an)，下列说法正确的是（ ）。

A．每个元素都有一个直接前件和直接后件

B．线性表中至少要有一个元素

C．表中诸元素的排列顺序必须是由小到大或由大到小

D．除第一个元素和最后一个元素外，其余每个元素都有一个且只有一个直接前件和直接后件

84. 线性表若采用链式存储结构，要求内存中可用存储单元的地址（ ）。

A．必须是连续的　　B．部分地址必须是连续的

C．一定是不连续的　　D．连续不连续都可以

85. 栈通常采用的两种存储结构是（ ）。

A．顺序存储结构和链式存储结构　　B．散列方式和索引方式

C．链表存储结构和数组　　D．线性存储结构和非线性存储结构

86. 下列数据结构中，按先进后出原则组织数据的是（ ）。

A．线性链表　B．栈　C．循环链表　D．顺序表

87. 树是结点的集合，它的根结点数目是（ ）。

A．有且只有 1　B．1 或多于 1　C．0 或 1　D．至少有 2

88. 具有 3 个结点的二叉树有（ ）。

A．2 种形态　B．4 种形态　C．7 种形态　D．5 种形态

89. 设一棵二叉树中有 3 个叶子结点，有 8 个度为 1 的结点，则该二叉树中总的结点数为（ ）。

A．12　　　B．13　　　C．14　　　D．15

90．在结构化程序设计思想提出之前，在程序设计中曾强调程序的效率。现在，与程序的效率相比，人们更重视程序的（　　）。

A．安全性　　　B．一致性　　　C．可理解性　　　D．合理性

91．为了提高测试的效率，应该（　　）。

A．随机选取测试数据

B．取一切可能的输入数据作为测试数据

C．在完成编码以后制订软件的测试计划

D．集中对付那些错误群集的程序

92．软件生命周期中所花费用最多的阶段是（　　）。

A．详细设计　　　B．软件编码　　　C．软件测试　　　D．软件维护

（二）填空题

1．算法的复杂度主要包括______复杂度和空间复杂度。

2．数据的逻辑结构在计算机存储空间中的存放形式称为数据的______。

3．若按功能划分，软件测试的方法通常分为白盒测试方法和______测试方法。

4．如果一个工人可管理多个设施，而一个设施只被一个工人管理，则实体“工人”与实体“设备”之间存在______联系。

5．关系数据库管理系统能实现的专门关系运算包括选择、连接和______。

6．在先左后右的原则下，根据访问根结点的次序，二叉树的遍历可以分为三种：前序遍历、______遍历和后序遍历。

7．结构化程序设计方法的主要原则可以概括为自顶向下、逐步求精、______和限制使用goto 语句。

8．软件的调试方法主要有：强行排错法、______和原因排除法。

9．数据库系统的三级模式分别为______模式、内部级模式与外部级模式。

10．数据字典是各类数据描述的集合，它通常包括 5 个部分，即数据项、数据结构、数据流、______和处理过程。

11．设一棵完全二叉树共有 500 个结点，则在该二叉树中有______个叶子结点。

12．在最坏情况下，冒泡排序的时间复杂度为______。

13．面向对象的程序设计方法中涉及的对象是系统中用来描述客观事物的一个______。

14．软件的需求分析阶段的工作，可以概括为四个方面：______、需求分析、编写需求规格说明书和需求评审。

15．______是数据库应用的核心。

16．数据结构包括数据的______结构和数据的存储结构。

17．软件工程研究的内容主要包括______技术和软件工程管理。

18．与结构化需求分析方法相对应的是______方法。

19．关系模型的完整性规则是对关系的某种约束条件，包括实体完整性、______和自定义完整性。

20．数据模型按不同的应用层次分为三种类型，它们是______数据模型、逻辑数据模型和物理数据模型。

21．栈的基本运算有三种：入栈、退栈和______。

22．在面向对象方法中，信息隐蔽是通过对象的______性来实现的。

23．数据流的类型有______和事务型。

24．数据库系统中实现各种数据管理功能的核心软件称为____（注：要牢记，重要）。

25．关系模型的数据操纵即建立在关系上的数据操纵，一般有______、增加、删除和修改四种操作（注：要牢记）。

26．实现算法所需的存储单元多少和算法的工作量大小分别称为算法的______。

27．数据结构包括数据的逻辑结构、数据的______以及对数据的操作运算。

28．一个类可以从直接或间接的祖先中继承所有属性和方法，采用这个方法提高了软件的______。

29．面向对象的模型中，最基本的概念是对象和______。

30．软件维护活动包括以下几类：改正性维护、适应性维护、______维护和预防性维护（注：要牢记）。

31．算法的基本特征是可行性、确定性、______和拥有足够的情报。

32．顺序存储方法是把逻辑上相邻的结点存储在物理位置______的存储单元中。

33．Jackson 结构化程序设计方法是英国的 M.Jackson 提出的，它是一种面向______的设计方法。

34．数据库设计分为以下 6 个设计阶段：需求分析阶段、______、逻辑设计阶段、物理设计阶段、实施阶段、运行和维护阶段。

35．数据库保护分为：安全性控制、______、并发性控制和数据的恢复（注：要牢记）。

36．测试的目的是暴露错误，评价程序的可靠性；而______的目的是发现错误的位置并改正错误。

37．在最坏情况下，堆排序需要比较的次数为______。

38．若串 s="Program"，则其子串的数目是______。

39．一个项目具有一个项目主管，一个项目主管可管理多个项目，则实体“项目主管”与实体“项目”的联系属于______的联系。

40．数据库管理系统常见的数据模型有层次模型、网状模型和______三种。

41．数据的逻辑结构有线性结构和______两大类。

42．数据结构分为逻辑结构与存储结构，线性链表属于______。

43．数据的基本单位是______。

44．长度为 n 的顺序存储线性表中，当在任何位置插入一个元素的概率都相等时，插入一个元素所需移动元素的平均个数为______。

45．当循环队列非空且队尾指针等于队头指针时，说明循环队列已满，不能进行入队运算。这种情况称为______。

46．在面向对象方法中，类之间共享属性和操作的机制称为______。

公共基础部分练习题答案

（一）选择题

1. C	2. C	3. B	4. A	5. D	6. B	7. D	8. B
9. C	10. A	11. C	12. D	13. B	14. B	15. D	16. A
17. B	18. A	19. A	20. A	21. A	22. D	23. C	24. A
25. A	26. D	27. B	28. A	29. B	30. B	31. D	32. B
33. C	34. D	35. A	36. D	37. C	38. B	39. D	40. B
41. C	42. B	43. C	44. B	45. B	46. C	47. C	48. B
49. C	50. D	51. C	52. C	53. A	54. D	55. A	56. B
57. D	58. C	59. C	60. B	61. C	62. D	63. B	64. A
65. B	66. B	67. C	68. C	69. A	70. D	71. D	72. B
73. B	74. A	75. D	76. A	77. C	78. D	79. B	80. C
81. C	82. B	83. D	84. D	85. A	86. B	87. C	88. D
89. B	90. C	91. D	92. D				

（二）填空题

1．时间
2．存储结构或物理结构
3．黑盒
4．一对多或 1:N 或 1:n
5．投影
6．中序
7．模块化
8．回溯法
9．概念或概念级
10．数据存储
11．250
12．n(n-1)/2 或 n*(n-1)/2 或 O(n(n-1)/2)或 O(n*(n-1)/2)
13．实体
14．需求获取
15．数据库设计
16．逻辑
17．软件开发
18．结构化设计
19．参照完整性
20．概念
21．读栈顶元素或读栈顶的元素或读出栈顶元素

22．封装
23．变换型
24．数据库管理系统或 DBMS
25．查询
26．空间复杂度和时间复杂度
27．存储结构
28．可重用性
29．类
30．完善性
31．有穷性
32．相邻
33．数据结构
34．概念设计阶段或数据库概念设计阶段
35．完整性控制
36．调试
37．O(nlog2n)
38．29
39．1 对多或 1:N
40．关系模型
41．非线性结构
42．存储结构
43．元素
44．n/2
45．上溢
46．继承

模拟试题

（一）选择题（每题 1 分，共 40 分）

1．三种基本结构中，能简化大量程序代码行的是（　　）。
　A．顺序结构　　B．分支结构　　C．选择结构　　D．重复结构
2．下列关于栈的描述正确的是（　　）。
　A．在栈中只能插入元素而不能删除元素
　B．在栈中只能删除元素而不能插入元素
　C．栈是特殊的线性表，只能在一端插入或删除元素
　D．栈是特殊的线性表，只能在一端插入元素，而在另一端删除元素
3．下列有关数据库的叙述，正确的是（　　）。
　A．数据处理是将信息转化为数据的过程

B．数据的物理独立性是指当数据的逻辑结构改变时，数据的存储结构不变
C．关系中的每一列称为元组，一个元组就是一个字段
D．如果一个关系中的属性或属性组并非该关系的关键字，但它是另一个关系的关键字，则称其为本关系的外关键字

4．概要设计中要完成的事情是（　　）。
A．系统结构和数据结构的设计　　B．系统结构和过程的设计
C．过程和接口的设计　　D．数据结构和过程的设计

5．下面排序算法中，平均排序速度最快的是（　　）。
A．冒泡排序法　　B．选择排序法
C．交换排序法　　D．堆排序法

6．下列描述中正确的是（　　）。
A．软件工程只是解决软件项目的管理问题
B．软件工程主要解决软件产品的生产率问题
C．软件工程的主要思想是强调在软件开发过程中需要应用工程化原则
D．软件工程只是解决软件开发中的技术问题

7．关系模型允许定义 3 类数据约束，下列不属于数据约束的是（　　）。
A．实体完整性约束　　B．参照完整性约束
C．属性完整性约束　　D．用户自定义的完整性约束

8．下列描述中正确的是（　　）。
A．程序就是软件
B．软件开发不受计算机系统的限制
C．软件既是逻辑实体，又是物理实体
D．软件是程序、数据与相关文档的集合

9．用树形结构表示实体之间联系的模型是（　　）。
A．关系模型　　B．网状模型　　C．层次模型　　D．以上三个都是

10．在设计阶段，当双击窗体上的某个控件时，所打开的窗口是（　　）。
A．工程资源管理器窗口　　B．工具箱窗口
C．代码窗口　　D．属性窗口

11．下面的控件可作为其他控件容器的是（　　）。
A．PictureBox 和 Data　　B．Frame 和 Image
C．PictureBox 和 Frame　　D．Image 和 Data

12．下列说法错误的是（　　）。
A．窗体文件的扩展名为.frm
B．一个窗体对应一个窗体文件
C．Visual Basic 中的一个工程只包含一个窗体
D．Visual Basic 中一个工程最多可以包含 255 个窗体

13．要设置窗体为固定对话框，并包含控制菜单栏和标题栏，但没有最大化和最小化按

钮，设置的操作是（ ）。

A．设置 BorderStyle 的值为 Fixed Tool Window

B．设置 BorderStyle 的值为 Sizable Tool Window

C．设置 BorderStyle 的值为 Fixed Dialog

D．设置 BorderStyle 的值为 Sizable

14．有如下程序：

```
Private Sub Form_KeyPress(KeyASCII As Integer)
Dim ch As String
ch =Chr(KeyASCII)
KeyASCII =ASC(UCase(ch))
Print Chr(KeyASCII +2)
End Sub
```

程序运行后，按键盘上的“A”键，则在窗体上显示的内容是（ ）。

A．A B．B C．C D．D

15．两个或两个以上模块之间关联的紧密程度称为（ ）。

A．耦合度 B．内聚度 C．复杂度 D．数据传输特性

16．如果在程序中要将 a 定义为静态变量且为整型数，则应使用的语句是（ ）。

A．Redim a As Integer B．Static a As Integer

C．Public a As Integer D．Dim a As Integer

17．用 InputBox()函数设计的对话框，其功能是（ ）。

A．只能接收用户输入的数据，但不会返回任何信息

B．能接收用户输入的数据，并能返回用户输入的信息

C．既能用于接收用户输入的信息，又能用于输出信息

D．专门用于输出信息

18．假定有如下 Sub 过程：

```
Sub S(x As Single, y As Single)
  t =x
  x=t/y
  y =t Mod y
End Sub
```

在窗体上画一个命令按钮，然后编写如下事件过程：

```
Private Sub Command1_Click()
  Dim a As Single
  Dim b As Single
  a=5
  b=4
  S（a, b）
  Print a, b
End Sub
```

程序运行后，单击命令按钮，输出的结果为（ ）。

A．54 B．11 C．1.254 D．1.251

19. 设 a = " Visual Basic "，下面使 b = " Basic " 的语句是（　　）。

A. b =Left(a,8,12)　　B. b =Mid(a,8,5)

C. b =Rigth(a,5,5)　　D. b =Left(a,8,5)

20. 在窗体上画一个名称为Label1、标题为“Visual Basic 考试”的标签，两个名称分别为 Command1 和 Command2、标题分别为“开始”和“停止”的命令按钮，然后画一个名称为 Timer1 的计时器控件，并把其 Interval 属性设置为 500，如下图所示。

编写如下程序：

```
Private Sub Form_Load()
  Timer1.Enabled =False
End Sub
Private Sub Command1_Click()
  Timer1.Enabled =True
End Sub
Private Sub Timer1_Timer()
  If Label1.Left <Width Then
    Label1.Left =Label1.Left +20
  Else
    Label1.Left =0
  End If
End Sub
```

程序运行后，单击“开始”按钮，标签在窗体中移动。对于这个程序，以下叙述错误的是（　　）。

A. 标签的移动方向为自右向左

B. 单击“停止”按钮后再单击“开始”按钮，标签从停止的位置继续移动

C. 当标签全部移出窗体后，将从窗体的另一端出现并重新移动

D. 标签按指定的时间间隔移动

21. 当在滚动条内拖动滚动块时触发（　　）。

A. KeyUp 事件　　B. KeyPress 事件

C. Scroll 事件　　D. Change 事件

22. 下面程序的输出结果是（　　）。

```
Private Sub Command1_Click()
  Ch$= " ABCDEF "
  Proc ch:Print ch
End Sub
```

```
Private Sub proc(ch As Stri ng)
  s = "  "
  For k =Len(ch)To 1 Step -1
    s =s & Mid(ch, k, 1)
  Next k
  ch =s
End Sub
```

A．ABCDEF　　B．FEDCBA　　C．A　　D．F

23．执行下列程序段后，输出的结果是（　　）。

```
For k1=0 To 4
  y=20
  For k2=0 To 3
    y=10
    For k3=0 To 2
      y=y +10
    Next k3
  Next k2
Next k1
Print y
```

A．90　　B．60　　C．40　　D．10

24．在窗体上画两个文本框（其 Name 属性分别为 Text1 和 Text2）和一个命令按钮（其 Name 属性为 Command1），然后编写如下事件过程：

```
Private Sub Command1_Click()
  x=0
  Do While x<50
    x=(x+2)*(x+3)
    n =n+1
  Loop
  Text1.Text =Str(n)
  Text2.Text =Str(x)
End Sub
```

程序运行后，单击命令按钮，在两个文本框中显示的值分别为（　　）。

A．1 和 0　　B．2 和 72　　C．3 和 50　　D．4 和 168

25．用下面语句定义的数组的元素个数是（　　）。

```
Dim A(-3To 5)As Integer
```

A．6　　B．7　　C．8　　D．9

26．若在某窗体模块中有如下事件过程：

```
Private Sub Command1__Click(Index As Integer)
  …
End Sub
```

则以下叙述正确的是（　　）。

A．此事件过程与不带参数的事件过程没有区别

B．有一个名称为 Command1 的窗体，单击此窗体则执行此事件过程

C．有一个名称为 Command1 的控件数组，数组中有多个不同类型控件

D．有一个名称为 Command1 的控件数组，数组中有多个相同类型控件

27．下列程序段的执行结果为（　　）。

```
a=1
b=0
Select Case a
  Case 1
    Select Case b
      Case 0
        Print  " **0** "
      Case 1
        Print  " **1** "
  End Select Case 2
  Print  " **2** "
End Select
```

A．**0**　　　B．**1**　　　C．**2**　　　D．0

28．设有数组定义语句：Dim a(5)As Integer ，List1 为列表框控件。下列给数组元素赋值的语句错误的是（　　）。

A．a(3)=3　　　B．a(3)=InputBox(" i nput data ")

C．a(3)=List1．ListIndex　　　D．a=Array(1,2,3,4,5,6)

29．在窗体上画一个名称为 Text1 的文本框和一个名称为 Co mmand1 的命令按钮，然后编写如下事件过程：

```
Private Sub Command1__Click()
  Dim array1（10, 10）As Integer
  Dim i , j As Integer
  For i =1To 3
    For j=2To 4
      array1（i , j）=i+j
    Next j
  Next i
  Text1.Text =array1（2, 3）+array1（3, 4）
End Sub
```

程序运行后，单击命令按钮，在文本框中显示的值是（　　）。

A．12　　　B．13　　　C．14　　　D．15

30．如果一个工程含有多个窗体及标准模块，则以下叙述错误的是（　　）。

A．任何时刻最多只有一个窗体是活动窗体

B．不能把标准模块设置为启动模块

C．用 Hide 方法只是隐藏一个窗体，不能从内存中清除该窗体

D．如果工程中含有 Sub Main 过程，则程序一定首先执行该过程

31．下列程序的执行结果为（　　）。

```
Private Sub Command1__Click()
  Dimx As Integer , y As Integer
```

```
    x=12：y =20
    Call Value（x, y）
    Print x；y
  End Sub
  Private Sub Value（ByVal m As Integer , ByVal n AsInteger）
    m=m*2：n =n -5
    Print m；n
  End Sub
```

A．20 12　　B．12 20　　C．24 15　　D．24 12

　20 15　　　12 25　　　12 20　　　12 15

32．在窗体上画一个通用对话框，其 Name 属性为 Cont；再画一个命令按钮，Name 属性为 Command1，然后编写如下事件过程：

```
Private Sub Command1__Click()
  Cont.File Name = "  "
  Cont.Flags =vbOFNFile MustExist
  Cont.Filter = " All Files | *. * "
  Cont.FilterIndex=3
  Cont.DialogTitle = " Open File "
  Cont.Action =1
  If Cont.File Name = "  " Then
    MsgBox  " No file selected "
  Else
  Open Cont.File Name For Input As  # 1
  Do While Not EOF（1）
       Input  # 1, b$
     Print b$
    Loop
  End If
End Sub
```

以下各选项，对上述事件过程描述错误的是（　　）。

A．该事件过程用来建立一个 Open 对话框，可以在这个对话框中选择要打开的文件

B．选择文件后单击“打开”按钮，所选择的文件名即作为对话框的 File Name 属性值

C．Open 对话框不仅仅用来选择一个文件，还可以打开、显示文件

D．过程中的 " Cont.Action=1 " 用来建立 Open 对话框，它与 Cont.ShowOpen 等价

33．以下叙述错误的是（　　）。

A．在 KeyUp 和 KeyDown 事件过程中，从键盘上输入 A 或 a 被视作相同的字母（即具有相同的 KeyCode）

B．在 KeyUp 和 KeyDown 事件过程中，将键盘上的“1”和右侧小键盘上的“1”视作不同的数字（具有不同的 KeyCode）

C．KeyPress 事件中不能识别键盘上某个键的按下与释放

D．KeyPress 事件中可以识别键盘上某个键的按下与释放

34．建立一个新的标准模块，应该选择（　　）下的“添加模块”命令。

A．“工程”菜单　B．“文件”菜单　C．“工具”菜单　D．“编辑”菜单

35．以下能判断是否到达文件尾的函数是（　　）。

A．BOF　B．LOC　C．LOF　D．EOF

36．有人编写了一个能够返回数组 a 中 10 个数中最大数的函数过程，代码如下：

```
Function MaxValue(a()As Integer)As Integer
  Dim max%
  max=1
  For k =2To 10
  If a(k)>a(max)Then
    max=k
  End If
  Next k
  MaxValue =max
End Function
```

程序运行时，发现函数过程的返回值是错的，需要修改，下面的修改方案中正确的是（　　）。

A．语句 max=1 应改为 max=a(1)

B．语句 For k =2To 10 应改为 For k =1To 10

C．If 语句中的条件 a(k)>a(max)应改为 a(k)>max

D．语句 MaxValue =max 应改为 MaxValue =a(max)

37．在窗体上画一个名称为 Command1 的命令按钮，并编写以下程序：

```
Private Sub Command1__Click()
  Dim  n %, b , t
  t =1: b =1: n =2
  Do
    b=b*n
    t=t+b
    n =n+1
  Loop Until n  >9
  Print t
End Sub
```

此程序计算并输出一个表达式的值，该表达式是（　　）。

A．9!　B．10!

C．1! +2! +…+9!　D．1! +2! +…+10!

38．有一个名称为 Form1 的窗体，上面没有控件，设有以下程序（其中方法 Pset(X,Y)的功能是在坐标(X,Y)处画一个点）：

```
Dim cmdmave As Boolean
Private Sub Form_MouseDown(Button As Integer, Shift As Integer, X As Single, Y As Single)
  cmdmave =True
End Sub
Private Sub Form__Mouse Move(Button As Integer , Shift As Integer , X As Si ngle , Y As Single)
If cmdmave Then
```

```
    Form1．Pset(X, Y)
  End If
End Sub
Private Sub Form__Mouse Up(Button As Integer , Shift As Integer , X As Single , Y As Single)
  cmdmave =False
End Sub
```

此程序的功能是（　　）。

A．每按下鼠标键一次，在鼠标所指位置画一个点

B．按下鼠标键，则在鼠标所指位置画一个点；放开鼠标键，则此点消失

C．不按鼠标键而拖动鼠标，则沿鼠标拖动的轨迹画一条线

D．按下鼠标键并拖动鼠标，则沿鼠标拖动的轨迹画一条线，放开鼠标键则结束画线

39．有人设计了下面的函数 fun()，功能是返回参数 a 中数值的位数。

```
Function fun(a As Integer)As Integer
  Dim n %
  n =1
  While a \ 10>=0
    n =n +1
    a=a \ 10
  Wend
  fun =n
End Function
```

在调用该函数时发现返回的结果不正确，函数需要修改，下面的修改方案中正确的是（　　）。

A．把语句 n =1 改为 n =0　　B．把循环条件 a \ 10>=0 改为 a \ 10>0

C．把语句 a=a \ 10 改为 a=a Mod 10　D．把语句 fun =n 改为 fun =a

40．在窗体上有一个名称为 Check1 的复选框数组（含 4 个复选框），还有一个名称为 Text1 的文本框，初始内容为空。程序运行时，单击任意复选框，则把所有选中的复选框后面的文字罗列在文本框中（见下图），下面能实现此功能的事件过程是（　　）。

A．Private Sub Check1__Click(Index As Integer)

```
Text1.Text = " "
 For k =0To 3
   If Check1(k).value =1Then
 Text1.Text=Text1.Text&Check1(k).Caption& " " （双引号中是空格）
   End If
 Next k
End Sub
```

B．Private Sub Check1__Click(Index As Integer)

```
     For k =0To 3
   If Check1(k).Value =1Then
   Text1.Text=Text1.Text  &Check1(k).Caption& " " （双引号中是空格）
   End If
 Next k
End Sub
```

C．Private Sub Check1__Click(Index As Integer)

```
Text1.Text= " "
For k =0 To 3
   If Check1(k).Value=1Then
   Text1.Text=Text1.Text&Check1(Index).Caption& " " （双引号中是空格）
   End If
 Next k
End Sub
```

D．Private Sub Check1__Click(Index As Integer)

```
Text1.Text = " "
For k =0To 3
   If Check1(k).Value =1Then
     Text1.Text=Text1.Text  &Check1(k).Caption  & " " （双引号中是空格）
     Exit For
   End If
 Next k
End Sub
```

（二）基本操作题（共 18 分）

1．在名称为 Form1 的窗体上建一个水平滚动条，并在属性窗口中将其名称设置为 HS1，Max 属性设置为 100，Min 属性设置为 0，Value 属性设置为 100。程序运行后，滚动框位于滚动条最右端，如果单击滚动条之外的窗体部分，则滚动框跳到最左端，如下图所示。

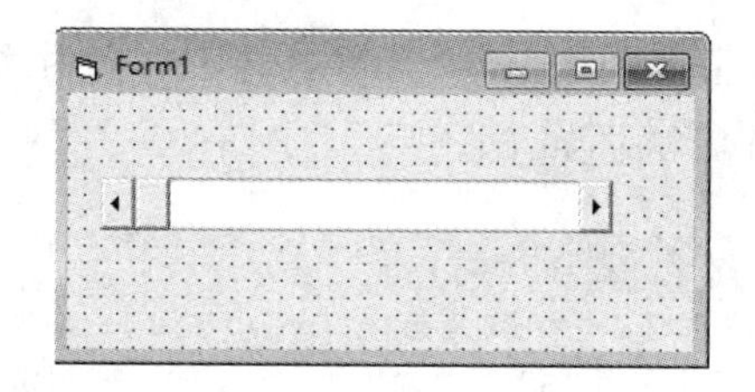

注意：只能直接为相应的属性赋值，不得使用任何变量。保存时必须存放在考生文件夹下，窗体文件名为 sj1.frm，工程文件名为 sj1.vbp。

2．在 Form1 的窗体上绘制一个命令按钮，名为 Cmd1，标题为 Display，按钮隐藏。编写适当的事件过程，使程序运行后，若单击窗体，则命令按钮出现；如果单击命令按钮，则在窗体上显示“Visual Basic 考试”。程序运行情况如下图所示。

注意：程序中不得使用任何变量；文件必须存放在考生文件夹中，工程文件名为 sj2.vbp，窗体文件名为 sj2.frm。

（三）简单应用题（共 24 分）

1．在窗体上画三个复选框，名称分别为 Ch1、Ch2 和 Ch3，标题分别为“体育”“音乐”和“美术”，一个标签，内容设置为“爱好：”，还有一个命令按钮，名称为 c1，标题为“显示”。要求程序运行后，如果勾选了某个复选框，当单击“显示”命令按钮时，则显示相应的信息。例如，如果勾选“体育”和“美术”复选框，单击“显示”命令按钮后，在窗体上显示“我的爱好是体育美术”，如下图所示。

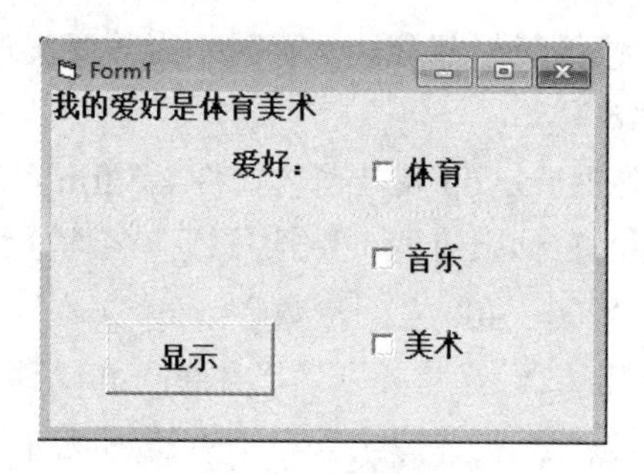

保存窗体文件名为 sj3.frm，工程文件名为 sj3.vbp。

注意：实际考场中保存时必须存放在指定的考生文件夹下。

2．在考生文件夹中有工程文件 kt3.vbp 及其窗体文件 kt3.frm（实际考试时会提供，同学做题时可自己先建立）。在窗体上有一个列表框，名称为 List1；一个文本框，名称为 Text1；一个命令按钮，名称为 C1，标题为“复制”。要求程序运行后，在列表框中自动建立 4 个列表项，分别为 Item1、Item2、Item3 和 Item4。如果选择列表框中的一项，单击“复制”按钮，就可以把该项复制到文本框中，界面如下图所示。

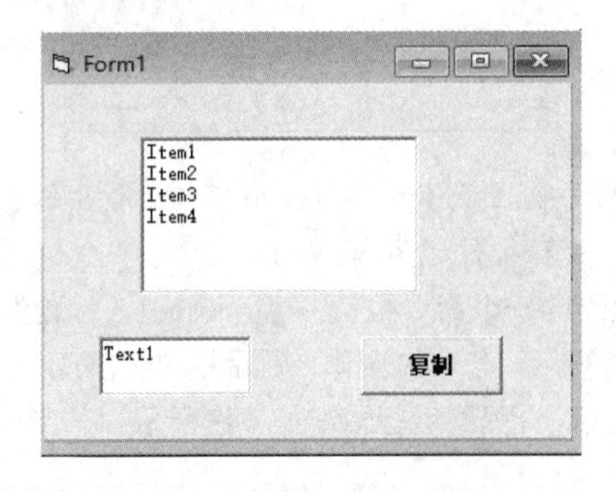

进入代码窗口，得到如下程序代码：

```
Option Explicit
Private Sub C1_Click()
    Dim i As Integer
    'For i =   ?   To List1.ListCount - 1
       If List1.Selected(i) = True Then
          '?   = List1.List(i)
       End If
     Next i
End Sub
Private Sub Form_Load()
    List1.AddItem "Item1"
    List1.AddItem "Item2"
    List1.AddItem "Item3"
    List1.AddItem "Item4"
End Sub
```

工程中程序是不完整的，请在有“？”号的地方填入正确内容，然后删除“？”及所有注释符（即“'”号），但不能修改其他部分。保存时不得改变文件名和文件夹。

（四）综合应用题（共 18 分）

在考生文件夹中有工程文件 kt5.vbp 及其窗体文件 kt5.frm（实际考试时会提供，同学做题时可自己先建立）。在 Form1 的窗体上有两个单选按钮，名称分别为 Opt1 和 Opt2，标题分别为“100～200 之间素数”和“200～400 之间素数”；一个文本框，名称为 Text1；两个命令按钮，其名称分别为 Cmd1 和 Cmd2，标题分别为“计算”和“存盘”。程序运行后，如果选中一个单选按钮并单击“计算”按钮，则计算出该单选按钮标题所指明的所有素数之和，并在文本框中显示出来。如果单击“存盘”按钮，则把计算结果存入 out.txt 文件中，该文件必须放在考生文件夹中（在考生文件夹中有标准模块 mode.bas，其中的 putdata 过程可以把结果存入指定的文件，而 isprime 函数可以判断整数 x 是否为素数，如果是素数，则函数返回 True，否则返回 False，考生可以将该模块文件添加到自己的工程中）。界面如下图所示。

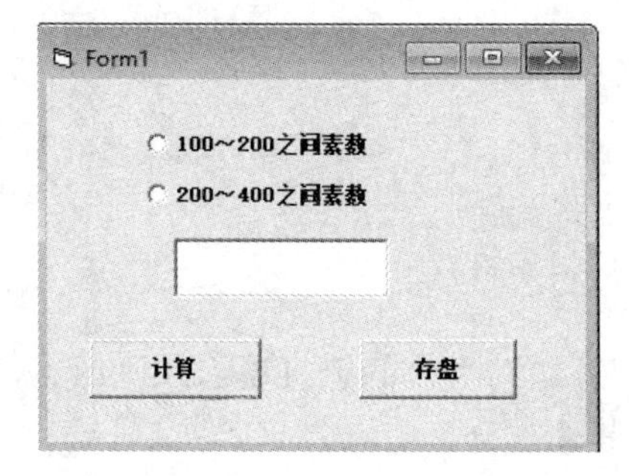

打开代码窗口，得到程序提供的代码如下：

```
'标准模块代码
Option Explicit
Sub putdata(t_FileName As String, T_Str As Variant)
Dim sFile As String
    sFile = "\" & t_FileName
    Open App.Path & sFile For Output As #1
    Print #1, T_Str
    Close #1
End Sub
Function isprime(t_I As Integer) As Boolean
    Dim J As Integer
    isprime = False
    For J = 2 To t_I / 2
    If t_I Mod J = 0 Then
Exit For
    Next J
    If J > t_I / 2 Then
isprime = True
End Function
'窗体代码
Private Sub Cmd1_Click()
    Dim i As Integer
    Dim temp As Long
   'temp = ?
    If Opt2.Value Then
    For i = 200 To 400
       ' If isprime(?) Then
           temp = temp + i
        End If
     Next
     Else
     For i = 100 To 200
         If isprime(i) Then
            temp = temp + i
         End If
       Next
```

```
        End If
            'Text1.? = temp
    End Sub
    Private Sub Cmd2_Click()
        putdata "\out.txt", Text1.Text
    End Sub
```

该程序是不完整的，请在有“？”号的地方填入正确内容，然后删除“？”及所有注释符（即“'”号），但不能修改其他部分。

注意：必须把素数之和存入考生文件夹下的 out.txt 文件中，否则没有成绩。保存程序时必须存放在指定文件夹下，窗体文件名为 kt5.frm，工程文件名为 kt5.vbp。

模拟试题答案及解析

（一）选择题答案

1. D 【解析】重复结构又称为循环结构，它根据给定的条件，判断是否需要重复执行某一相同或类似的程序段，利用重复结构可以简化大量的程序行。

2. C 【解析】根据数据结构对栈的定义及其特点可知：栈是限定只在表尾进行插入或删除操作的线性表，因此栈是先进后出的线性表，对栈的插入与删除操作，不需要改变栈底元素。栈是限定只在表尾进行插入或删除操作的线性表。

3. D 【解析】数据处理是指将数据转换成信息的过程，故选项 A 叙述错误；数据的物理独立性是指数据的物理结构的改变不会影响数据库的逻辑结构，故选项 B 叙述错误；关系中的行称为元组，对应存储文件中的记录，关系中的列称为属性，对应存储文件中的字段，故选项 C 叙述错误。

4. A 【解析】软件概要设计的基本任务是：设计软件系统结构；数据结构及数据库设计；编写概要设计文档；概要设计文档评审。

5. D 【解析】在各种排序方法中，快速排序法和堆排序法的平均速度是最快的，因为它们的时间复杂度都是 O(nlog2n)，其他的排序算法的时间复杂度大都是 O(n2)。

6. C 【解析】软件工程是研究和应用如何以系统性的、规范化的、可定量的过程化方法来开发和维护软件，以及如何把经过时间考验而证明正确的管理技术和当前能够得到的最好的技术方法结合起来。软件工程的目标是生产具有正确性、可用性及开销合宜的产品，它的主要思想是强调在软件开发过程中需要应用工程化原则。

7. C 【解析】关系模型允许定义 3 类数据约束，即实体完整性约束、参照完整性约束和用户自定义完整性约束。其中前两种完整性约束由关系数据库系统支持，用户自定义完整性约束则由关系数据库系统提供完整性约束语言，用户利用该语言给出约束条件，运行时由系统自动检查。

8. D 【解析】软件是程序、数据与相关文档的集合，它是一个逻辑实体。软件的开发要受计算机系统的限制，例如硬件系统的限制、软件操作系统的限制等。

9. C 【解析】层次模型是数据库系统中最早出现的数据模型，它用树形结构来表示各类实体及实体间的联系。在现实世界中事物之间的联系更多的是非层次关系的，用层次模型表示非树形结构很不直接，网状模型则用来表示非树形结构。关系模型是目前最重要的一种数据模型，它建立在严格的数学概念基础上。关系模型由关系数据结构、关系操作系统和关系完整性约束 3 部分组成。

10．C　【解析】双击窗体上的某个控件，打开代码窗口，并定位到该控件的相关方法。

11．C　【解析】Visual Basic 控件中，PitureBox 和 Frame 可以作为其他控件的容器，而 Data 和 Image 则不能。

12．C　【解析】Visual Basic 中的一个工程可包含一个或者多个窗体，但最多只能是 255 个。

13．C　【解析】窗体的 BorderStyle 属性用来设置窗体的格式，它有 6 个可选值。

0-none：没有边框或与边框相关的元素。

1-fixed single：可以包含控制菜单框、标题栏、最大化和最小化按钮。只有使用最大化和最小化按钮才能改变大小。

2-sizable：缺省值。窗体为双线边框，可移动并可以改变大小。

3-fixed dialog：可以包含控制菜单框和标题栏，不能包含最大化和最小化按钮，不能改变尺寸。

4-fixed toolwindow：不能改变尺寸。显示关闭按钮并用缩小的字体显示标题栏。窗体在 Windows 95 的任务条中不显示。

5-sizable toolwindow：可变大小。显示关闭按钮并用缩小的字体显示标题栏。窗体在 Windows 95 的任务条中不显示。

根据本题的要求，应设置 BorderStyle 的值为 Fixed Dialog。

14．C　【解析】本题考查了 3 个系统函数：Chr()，ASC()，UCase()。它们的功能分别是将 ASCII 码值转换为字符；将字符转化为 ASCII 码值；将字符转化为大写字符串。KeyPreview 属性返回或设置一个值，以决定是否在控件的键盘事件之前激活窗体的键盘事件。键盘事件有 KeyDown、KeyUp 和 KeyPress ，主要应用于 Form 对象。本题的程序执行时，当按下“A”时，“A”的 ASCII 码值传给函数体，并转换为字符赋给变量 ch ，再将 ch（即“A”）的 ASCII 值赋值给 KeyASCII，最后将 KeyASCII 值加 2 并转化为字符打印输出，即结果为字母“C”。

15．A　【解析】耦合是指模块之间的关联程度，内聚是指模块内部各部分的聚合程度。

16．B　【解析】在 Visual Basic 中定义一个静态变量的语法为：Static 变量名 As 变量类型，故选项 B 正确。此外，在 Visual Basic 中，Static 类型的变量不能在标准模块的声明部分定义，为了使过程中所有的局部变量为静态变量，可在过程头的起始处加上 Static 关键字。这就使过程中的所有局部变量都变为静态变量。

17．B　【解析】InputBox()函数用来显示一个输入框，并提示用户在文本框中输入文本、数字或选中某个单元格区域，当按下“确定”按钮后返回包含文本框内容的字符串。

18．D　【解析】本题定义了一个函数 Sub，默认为地址传递参数，首先对第一个参数进行除操作，对第二个参数进行取余操作，调用后变量改变，结果为选项 D。

19．B　【解析】本题考查字符串函数。Left(字符串,n)：取字符串左部的 n 个字符；Mid(字符串,p,n)：从位置 p 开始取字符串的 n 个字符；Right(字符串,n)：取字符串右部的 n 个字符。

分析题中的 4 个选项可知正确答案为选项 B。

20．A 【解析】本题考查 Timer 控件的使用。Timer 中 Interval 的单位为毫秒，设置为 500 意味着每隔 0.5 秒作用一次。Timer 的 Enaled 属性指示 Timer 控件是否可用。同时本题还考查了对 Label 控件的属性的掌握：Left 属性为 Label 的左边界的坐标，Width 为 Label 的宽度。本程序中单击按钮后，Label1 将每隔 0.5 秒向右移动，当移动到 Left＞Width 时，Label1 重新定位到窗体的左边界，然后继续移动，选项 A 错误的。

21．C 【解析】本题考查 Visual Basic 中滚动条控件的特征，当在滚动条内拖动滚动块时触发 Scroll 事件。当按下键盘上的某个键时，将触发 KeyPress 事件。

22．B 【解析】Mid 函数的语法格式为：Mid(字符串,p,n)，功能是从位置 p 开始取字符串的 n 个字符。“&”用于连接两个字符串。在本题程序的 For 循环中，逐个将 ch 的元素倒序连接到 s 后，因此最后的结果为 FEDCBA。

23．C 【解析】程序是三重循环，但是最外层循环每次对 y 初始化为 20，第二层每次对其初始化为 10，因此外两层循环不能改变 y 的值，考生只需注意内层循环即可得出答案为 40。

24．B 【解析】程序先进行 Do While 循环，然后将求得的 n 和 x 的值转换为字符串输入到 Text1 和 Text2 中，结果为 2 和 72。

25．D 【解析】本题中的数组定义从-3 到 5，一共有“-3、-2、-1、0、1、2、3、4、5”九个元素。

26．D 【解析】Index As Integer 用来指示控件数组的索引。因此此段代码说明有一个名称为 Command1 的控件数组，数组中有多个相同类型的控件。

27. A 【解析】程序为嵌套的 Select 语句。分析程序可知，程序只执行了“Print " **0** " ”语句，结果为选项 A。

28．D 【解析】选项 D 将 6 个元素赋给长度为 5 的数组，显然是错误的。

29．A 【解析】程序中二重循环对数组 array1 赋值 i+j，然后在 Text1 中显示，结果为 12。

30．D 【解析】Visual Basic 编程环境规定，任何时刻最多只有一个窗体是活动窗体，同时不能把标准模块设置为启动模块。用 Hide 方法只是隐藏一个窗体，不能从内存中清除该窗体。如果工程中含有 Sub Main 过程，则程序也不一定首先执行该过程。

31．C 【解析】本题主要考查自定义过程的参数传递。在 Visual Basic 中，参数缺省是按地址传递的，也就是使过程按照变量的内存地址去访问实际变量的内容。这样，将变量传递给函数时，通过函数可永远改变该变量值。如果想改变传递方式可以通过在变量定义前加关键字 ByRef 或 ByVal。ByRef 为默认值，按地址传递，ByVal 按照值传递，函数调用后不改变变量值。

32．C 【解析】分析本题程序可知，该事件过程用来建立一个 Open 对话框，可以在这个对话框中选择要打开的文件，并且单击“打开”按钮，所选择的文件名即作为对话框的 File Name 属性值。另外 CommonDialog 有两种打开方式，一是设置 Action 的值，另一种方法是直接设置打开方式，如 Cont.ShowOpen，建立一个 Open 对话框。因此 Open 对话框只用来选择文件。

33.C 【解析】在KeyUp和KeyDown 事件中，大写字母和小写字母具有相同的KeyCode ，大小键盘上的数字具有不同的 KeyCode，因此选项 A、B 正确。KeyPress 事件可以识别键盘上某个键的按下与释放，识别的是按键的 ASCII 码。

34. A 【解析】标准模块对整个工程通用，应选取“工程”菜单下的“添加模块”命令。

35. D 【解析】Visual Basic 中，LOC 函数是用来在已打开的文件中指定当前读 / 写的位置，LOF 函数是用来返回已打开文件的长度，EOF 函数是用来判断是否到达已打开文件的尾部。

36. D 【解析】由题易知，For 循环结束后可得出数组中最大数的下标 max，因为是求最大的数，应该是将 a(max)赋给 MaxValue 而不是最大数的下标 max，故应选 D。

37. C 【解析】循环 Do...Loop 中的 b 中存放的是各数的阶乘，t 中存的是各个数阶乘的和；第一次循环中的 b =1*2，t =1+1*2，n =3；n 不大于 9，进行第二次循环；第二次循环中 b =1*2*3，t =1+1*2+1*2*3，n =4；第八次循环中 b=1*2*3*4*5*6*7*8*9，t =1+1*2+1*2*3+…+8！+9！，n =10；n 大于 9 跳出循环。故应选 C。

38. D 【解析】Pset(X,Y)函数是在 X、Y 处画出一个点，Form__MouseDown 函数中只有一个 cmdmave =True ，即当鼠标按下就将 c mdmave 赋值为 True，Form__Mouse-Move 函数是当 cmdmave 为 True 时就执行 Pset(x,y)函数，即当移动鼠标且 cmdmave =True 时就不断地画点，即形成一条线；而 Form__Mouse Up 函数是将 cmdmave 赋为 False，即松开鼠标时不再画点。故整个程序的功能是按下鼠标键并拖动鼠标，沿鼠标拖动的轨迹画一条线，放开鼠标键就结束画线。

39. B 【解析】a\10>0 保证 a 至少是两位数，若是大于等于 0，则 While 循环也不会结束，会一直循环下去。

40. A 【解析】Text1.Text 表示文本框的文本内容，Check1(k).value =1 表示复选框被选中，For 循环遍历所有复选框，若 Check1(k).value =1 则 Text1.Text =Text1.Text&Check1(k).Caption & " "，将 Check1(k)的 Caption 即复选框后的文字添加到 Text1 中，每次添加文字后文字之间都由空格隔开。

（二）基本操作题解析

1．本题主要考查窗体上控件的基本操作。

（1）先在窗体上建立控件，再设置控件属性。程序中用到的控件及其属性见下表。

属性表

控件名称	属性名称	设置值
滚动条	Name	HS1
滚动条	Min	0
滚动条	Max	100
滚动条	Value	100

（2）滚动条的最大刻度用 Max 属性来表示，最小刻度用 Min 属性来表示，滚动条上的

位置通过 Value 属性来表示。

（3）单击窗体触发 Form_Click 事件，滚动框跳到最左端，即使其 Value 属性为 0。

（4）参考代码如下：

```
Private Sub Form_Click()
HS1.Value=0
End Sub
```

（5）调试并运行程序。

（6）按题目要求存盘。

2. （1）新建一个名为 Form1 的窗体。

（2）单击工具箱中的 CommandButton 控件图标，在窗体上拖拉出一个命令按钮，在属性窗口设置该命令按钮名称为 Cmd1，Caption 属性为 Display，Visible 属性为 False。

（3）打开代码窗口输入如下代码：

```
Private Sub Cmd1_Click()
  Print"Visual Basic 考试"          '在窗体显示 Visual Basic 考试
     End Sub
     Private Sub Form_Click()
  Cmd1.Visible=True            '使命令按钮可见
     End Sub
```

（4）按要求保存文件即完成本题。

（三）简单应用题解析

1. 本题主要考查复选框的使用。单击命令按钮触发 Click 事件，程序中需要检测复选框的状态，可以通过 Value 属性来实现。如果复选框被选中，则 Value 值为 1，否则 Value 值为 0。

（1）在窗体上先按要求建立控件，设置控件属性，程序中用到的控件及属性见下表。

属性表

对象名称	属性名称	设置值
复选框	Name	Ch1
复选框	Caption	体育
复选框	Name	Ch2
复选框	Caption	音乐
复选框	Name	Ch3
复选框	Caption	美术
标签	Caption	爱好
命令按钮	Name	C1
命令按钮	Caption	显示

（2）打开工程资源管理器，右击窗体，选择查看代码项，在弹出的代码窗口输入如下代码：

```
Option Explicit
Private Sub c1_Click()
```

```
        Dim s As String
        s = "我的爱好是"
        If Ch1.Value = 1 Then
            s = s & Ch1.Caption
        End If
        If Ch2.Value = 1 Then
            s = s & Ch2.Caption
        End If
        If Ch3.Value = 1 Then
            s = s & Ch3.Caption
        End If
        Print s
    End Sub
```

（3）调试并运行程序。

（4）按题目要求存盘。

2．首先按要求打开给定工程文件 kt3.vbp 及其窗体文件 kt3.frm。

（1）在窗体上建立控件并设置控件属性。程序中用到的控件及属性设置见下表。

属性表

控件名称	属性名称	设置值
列表框	Name	List1
文本框	Name	Text1
命令按钮	Name	C1
命令按钮	Caption	复制

（2）修改以下两处代码。

For 语句循环变量的起始值为 0。

列表框的 Text 属性为最后一次选中的表项的文本。

具体代码如下：

```
    Option Explicit
    Private Sub C1_Click()
        Dim i As Integer
        For i = 0 To List1.ListCount - 1
        If List1.Selected(i) = True Then
        Text1.Text = List1.List(i)
        End If
        Next i
    End Sub
    Private Sub Form_Load()
        List1.AddItem "Item1"
        List1.AddItem "Item2"
        List1.AddItem "Item3"
        List1.AddItem "Item4"
    End Sub
```

（3）调试并运行。

（4）按题目要求存盘。

（四）综合应用题解析

（1）建立界面并设置控件属性。题目提供了程序用到的控件及其属性，见下表。

属性表

控件名称	属性名称	设置值
单选按钮	Name	Opt1
单选按钮	Caption	100～200 之间素数
单选按钮	Name	Opt2
单选按钮	Caption	200～400 之间素数
文本框	Name	Text1
命令按钮	Name	Cmd1
命令按钮	Caption	计算
命令按钮	Name	Cmd2
命令按钮	Caption	存盘

（2）分析代码，找出答案。

temp 用来存放累加和，所以必须初始化，即：

```
temp = 0
```

Text1 显示 temp 的值，所以使用 Text1 的 Text 属性，即：

```
Text1.Text = temp
```

（3）整理代码，标准模块代码内没有错误，得到窗体参考代码如下：

```
Private Sub Cmd1_Click()
  Dim i As Integer
  Dim temp As Long
  temp = 0
  If Opt2.Value Then
      For i = 200 To 400
        If isprime(i) Then
            temp = temp + i
        End If
```